BIAOZHUNHUA WURENJI CAOZUO JI XIANLU XUNJIAN
ZUOYE ZHIDAO SHOUCE

标准化无人机操作及线路巡检

作业指导手册

国网宁夏电力有限公司检修公司 编

内 容 提 要

本作业指导手册包含二十三个作业任务，以文件的形式描述操作人员在操作无人机过程中的操作步骤和应遵守的事项，是操作人员的作业指导书，适用于国网宁夏电力有限公司大部分无人机巡检作业。

图书在版编目（CIP）数据

标准化无人机操作及线路巡检作业指导手册 / 国网宁夏电力有限公司检修公司编．—北京：中国电力出版社，2021.12（2024.1 重印）

ISBN 978-7-5198-6255-8

Ⅰ．①标… Ⅱ．①国… Ⅲ．①无人驾驶飞机–应用–输电线路–巡回检测–手册 Ⅳ．①TM726-62

中国版本图书馆 CIP 数据核字（2021）第 253117 号

出版发行：中国电力出版社
地　　址：北京市东城区北京站西街 19 号（邮政编码 100005）
网　　址：http://www.cepp.sgcc.com.cn
责任编辑：雍志娟（010-63412255）
责任校对：黄　蓓　朱丽芳
装帧设计：郝晓燕
责任印制：石　雷

印　　刷：固安县铭成印刷有限公司
版　　次：2021 年 12 月第一版
印　　次：2024 年 1 月北京第二次印刷
开　　本：787 毫米×1092 毫米　16 开本
印　　张：13.75
字　　数：240 千字
定　　价：68.00 元

编　委　会

编　写　组

审　核　组

前　言

随着我国经济的快速发展，对于电力的需求也越来越迫切，电力基础设施的建设也越来越普遍，使得输电线路的建设也越来越复杂，这大大增加了后期对于架空输电线路的巡检难度，而将无人机应用于架空输电线路的巡检工作中，使得日常巡检工作更加方便、简单，大大降低了工作难度。由此可见，目前无人机的应用比较广泛，因此规范无人机操作过程十分重要。

为规范无人机操作规程，确保无人机正确保管和使用，保证操作人员人身安全、作业对象安全和作业顺利完成，特开发此作业指导手册，本作业指导手册将从二十三个方面展开讲解，以文件的形式描述操作人员在操作无人机过程中的操作步骤和应遵守的事项，是操作人员的作业指导书，适用于国网宁夏电力有限公司大部分无人机巡检作业。

在本书编写过程中，得到国网宁夏电力有限公司的大力支持，以此表示衷心感谢！

由于编写水平所限，书中难免存在不妥或疏漏之处，希望广大读者批评指正。

作　者

2021 年 12 月

目　录

一、多旋翼无人机精细化巡检

（一）适用范围

本指导书适用于220kV及以上输电线路无人机精细化巡检作业。

（二）引用文件

GB/T 18037—2000　带电作业工具基本技术要求与设计导则

GB/T 14286—2002　带电作业工具设备术语

DL/T 741—2019　架空输电线路运行规程

DL/T 1578　架空电力线路多旋翼无人机巡检系统

DL/T 1482　架空输电线路无人机巡检作业技术导则

Q/GDW 11399　架空输电线路无人机巡检作业安全工作规程

（三）术语及定义

多旋翼无人机精细化巡检通常应用于220kV及以上输电线路的架空输电线路巡检，主要巡检方式为拍照、录像等，巡检的主要内容为杆塔本体及附属设施关键部位可见光拍照巡检，并提交巡检所发现的缺陷及相关报告。

（四）班前会及作业前准备

1. 现场勘察

（1）应确认作业现场天气情况是否满足作业条件，雾、雪、大雨、冰雹、风力大于10m/s等恶劣天气不宜作业。

（2）应确认线路周围地形地貌，是山地、丘陵、城镇还是乡村等。

（3）应确认作业现场空域情况。

① 禁飞区。由国家划设的，未按照国家有关规则经特别批准，任何航空器不得飞入的空间。

② 管控区域。为维护空中交通秩序、保障空中交通安全和国家安全，按照国家有关法规划设，对航空器在空间内的活动应遵守的规则、方式和时间等进行了规定和限制的区域。民用航空的空中管制区包括塔台管制区、进近管制区和区域管制区等，此外还包括但不限于以下区域：

序号	区域	定　义
1	空中禁区	由国家划设的，未按照国家有关规则经特别批准，任何航空器不得飞入的空间
2	空中限制区	由管制部门划设的，在规定时限内，未经管制部门许可的航空器禁止飞入的空间
3	空中危险区	由管制部门划设，供对空射击或者发射使用的，在规定时限内，禁止无关航空器飞入的空间

③ 空域申请。

序号	工作项目	工作内容或要求
1	遵守政策法规	无人机巡检作业应严格按国家相关政策法规、当地民航军管等要求规范化使用空域
2	确认飞行作业区域	工作任务签发前应确认飞行作业区域是否处于空中管制区：未经空中交通管制批准，不得在管制空域内飞行
3	办理空域审批手续	作业执行单位应根据无人机巡检作业计划，按相关要求办理空域审批手续，并密切跟踪当地空域变化情况
4	注意事项	实际飞行巡检范围不应超过批复的空域

（4）应确认巡检线路图。

序号	工作项目	工作内容或要求
1	确认巡检情况	确认巡检作业线路杆塔的类型、坐标及高度、线路周围地形地貌和周边交叉跨越情况
2	航线规划	应根据巡检线路的杆塔坐标、塔高等技术参数，结合线路途经区域地图和现场勘察情况绘制航线，制定巡检方式、起降位置及安全策略。航线规划应避开空中管制区、重要建筑和设施，尽量避开人员活动密集区、通信阻隔区、无线电干扰区、大风或切变风多发区和森林防火区等地区。对首次进行无人机巡检作业的线段，航线规划时应留有充足裕量，与以上区域保持足够的安全距离

续表

序号	工作项目	工作内容或要求
3	资料查阅	（1）巡检前，作业人员应明确无人机巡检作业流程： 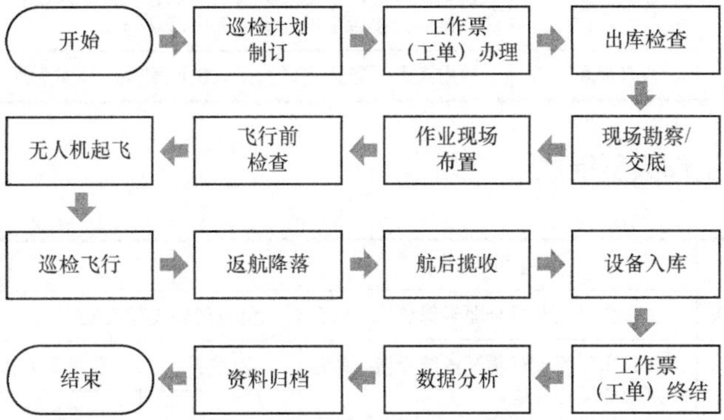 开始 → 巡检计划制订 → 工作票（工单）办理 → 出库检查 → 现场勘察/交底 → 作业现场布置 → 飞行前检查 → 无人机起飞 → 巡检飞行 → 返航降落 → 航后揽收 → 设备入库 → 工作票（工单）终结 → 数据分析 → 资料归档 → 结束 （2）根据巡检任务进行资料查阅，查阅巡检线路台账及卫星地图等资料，掌握杆塔等巡检设备型号参数、坐标高度及巡检线路周围地形地貌和周边交叉跨越情况

2. 无人机系统的配置清单

√	序号	名称	型号/规格	单位	数量	备注

3. 仪器仪表及工器具

序号	名称	单位	数量
1	安全帽	顶	
2	望远镜	台	
3	对讲机	台	
4	激光测距仪	台	
5	风速风向仪	台	

4. 出库检查

序号	情况分类	工作内容或要求
1	若无问题	设备出库时，领用人员需当场确认无人机及配件的规格型号和数量，并检查外观及质量，核实无误后在领用单上签字确认
2	若有问题	领用人及时更换完好的无人机或配件，核实无误后在领用单上签字确认

5. 工作人员组成

<table>
<tr><th>组成</th><th>能力要求</th><th colspan="2">职责分工</th></tr>
<tr><td>工作负责人</td><td colspan="3">工作负责人负责全面组织巡检工作开展，负责现场飞行安全</td></tr>
<tr><td rowspan="4">工作班成员</td><td rowspan="4">（1）本年度安规考试成绩合格，具有一定现场运行经验。
（2）作业人员应满足无人机资格证要求，取得 UTC 或 AOPA 等资格证书。
（3）作业人员应熟悉掌握无人机的组装和构成。
（4）作业人员应熟悉掌握输电线路运行规程。
（5）作业人员应熟悉工作业务范围及工作内容</td><td>操控手</td><td>负责无人机起降操控、设备准备、检查、撤收</td></tr>
<tr><td>程控手</td><td>负责程控无人机飞行、遥测信息监测、设备准备、检查、航线规划、撤收</td></tr>
<tr><td>任务手</td><td>负责任务设备操作、现场环境观察、图传信息监测、设备准备、检查、撤收</td></tr>
<tr><td>地勤人员</td><td>负责针对无人机的保养护理，不直接参与无人机执行任务时的控制，协助工作负责人对无人机设备进行收纳和检查</td></tr>
</table>

6. 办理工作单（票）

序号	工作内容或要求
1	工作单（票）由工作负责人或工作单（票）签发人填写，工作单由工作负责人填写
2	工作单（票）应用黑色或蓝色的钢（水）笔或圆珠笔填写与签发，内容应正确，填写应清楚，不得任意涂改。如有个别错、漏字需要修改时，应使用规范的符号，字迹应清楚
3	工作单（票）一式两份，应提前分别交给工作负责人和工作许可人
4	用计算机生成或打印的工作单（票）应使用统一的票面格式。工作单（票）应由工作单（票）签发人审核无误，并手工或电子签名后方可执行
5	工作单（票）由设备运维管理单位（部门）签发，也可由经设备运维管理单位（部门）审核合格且经批准的运行检修单位签发
6	运行检修单位的工作单（票）签发人、工作许可人和工作负责人名单应事先送有关设备运维管理单位（部门）备案
7	同一张工作单（票）中，工作单（票）签发人、工作许可人、工作负责人（监护人）不得兼任，且以上均不能为工作班成员。同一张工作单上，工作许可人、工作负责人（监护人）不得兼任

7. 填写作业指导书

序号	工作内容或要求
1	作业指导书应用黑色或蓝色的钢（水）笔或圆珠笔填写与签发
2	内容应正确，填写应清楚，不得任意涂改
3	如有个别错、漏字需要修改时，应使用规范的符号，字迹应清楚

（五）现场准备

1. 现场复勘

序号	工作内容或要求
1	作业前使用风速仪进行风力等级检测，风力大于 5 级及以上严禁开展巡检作业
2	如遇雷、雨、雪、大雨、冰雹等恶劣天气严禁作业
3	输电线路在跨越高速铁路两侧杆塔时，严禁无人机巡检作业

2. 布置作业现场

序号	工作项目	工作内容或要求
1	使用工作围栏划分不同的功能区	（1）现场应使用工作围栏划分不同的功能区，功能区包括地面站操作区、无人机起降区、工器具摆放区等，各功能区应有明显区分。 （2）起降区周围应设安全围栏，禁止行人和其他无关人员逗留，特别是在起降过程中，需时刻注意保持与无关人员的安全距离
2	选择合适的起降场地	（1）起降场地应为不小于 2m×2m 大小的平整地面； （2）巡检全过程中，起降场地与无人机应保持通视，保证遥控、通信质量良好； （3）起降场地周围应无高大建筑、线路、树木等障碍物或地下电缆等干扰源； （4）尽量避免将起降场地设在巡检线路或无人机飞行路径下方、交通繁忙道路及人口密集区附近。 注意事项：若起降区地面尘土、砂砾、树枝等杂物较多，应铺设帆布，防止无人机起飞时杂物卷入螺旋桨面或机体内造成意外
3	架设地面站（如需）	选定起降区后，在其附近的合适位置架设地面站，架设地面站时，通信天线应确保在巡检全过程中与无人机无遮挡，保持通信质量良好
4	布置现场	现场布置应保持整洁、有序，工器具放置整齐

3. 作业分工

序号	工作人员	数量	作业分工
1	工作负责人	1 名	负责全面组织巡检工作开展，负责现场飞行安全
2	操控手	1 名	负责无人机起降操控、设备准备、检查、撤收
3	程控手	1 名	负责程控无人机飞行、遥测信息监测、设备准备、检查、航线规划、撤收
4	任务手	1 名	负责任务设备操作、现场环境观察、图传信息监测、设备准备、检查、撤收
5	地勤人员	1 名	负责针对无人机的保养护理，不直接参与无人机执行任务时的控制，协助工作负责人对无人机设备进行收纳和检查

（六）作业程序

1. 宣读工作单（票）及安全注意事项（进行三交代）

（1）危险点分析。

√	序号	工作危险点	责任人签字
	1	起飞前未充分检查设备的各连接部分是否正常，工作中可能发生故障引起危险	
	2	起飞前未充分检查设备的各电器控制部分是否正常，工作中可能发生故障引起危险	
	3	起飞平台地点选择不合理（地面坡度过大或地面有沙石），可能引起侧翻或损伤电机的危险	
	4	起飞前未充分检查起飞环境是否具备飞行条件，飞行中可能发生碰撞或信号干扰引起危险	
	5	起飞前未充分掌握当天天气情况是否具备飞行条件，在飞行过程中遇到影响作业的天气变化，可能导致飞行作业危险性增加	
	6	起飞前通信设备未检查，可能导致飞行中交流不畅引起危险	
	7	起飞前未检查无人机和地面控制系统等电池电量，可能因电量不足导致飞行失控引起危险	
	8	起飞前未检查地面站软件，可能因下行链路数据不正常引起危险	
	9	起飞前未校准遥控器，导致不能准确控制无人机可能引发危险	
	10	起飞前未校准磁力计，可能导致不能接收 GPS 信号而引发的危险	
	11	起飞前未检查照相和摄像设备的电量和储存卡的空间，可能因电量和储存卡的空间不足导致不能完成此次作业任务	
	12	飞行中飞控手未能准确判断无人机与带电体的最小安全距离，而引起放电危险	
	13	飞行中作业人员存在精神或体力疲劳现象，可能引起操作失误而发生危险	
	14	飞行中作业人员未能准确判断周围环境、障碍物等，可能使飞行发生危险	
	15	飞行中地面站控制人员未能及时向飞控手准确预报数据情况，飞控手可能因飞行数据判断不准而导致误操作引发危险	

（2）生产现场作业十不干、四不伤害。

序号	内　　容	宣读确认	检查确认（√）
1	（1）无票的不干； （2）工作任务、危险点不清楚的不干； （3）危险点控制措施未落实的不干； （4）超出作业范围未经审批的不干； （5）未在接地保护范围内的不干； （6）现场安全措施布置不到位、安全工器具不合格的不干； （7）杆塔根部、基础和拉线不牢固的不干； （8）高处作业防坠落措施不完善的不干； （9）有限空间内气体含量未经检测或检测不合格的不干； （10）工作负责人（专责监护人）不在现场的不干		
2	（1）不伤害他人； （2）不伤害自己； （3）不被别人伤害； （4）保护他人不受伤害		

（3）安全措施。

√	序号	内　容	责任人签字
	1	起飞前要认真检查设备的机体及螺旋桨是否有破损及裂纹，以及其他各连接部分均正常后才能开机	
	2	起飞前要对各个电器控制部分进行试运行一次，确认无误后才能正式飞行	
	3	起飞平台尽量选择无坡度且开阔的地面过大，尽量保持地面无杂草、沙石等；在确无合适起飞场地时可使用帆布铺设一个临时起飞平台	
	4	起飞前应充分检查起飞场地周围的环境，要避开高大树木、建筑物和微波塔起飞	
	5	起飞前充分掌握天气情况，风力大于 10m/s 禁止飞行（新手可控的风速在 4m/s 左右），雨天禁止飞行	
	6	起飞前要检查通信设备联络畅通（对讲机、耳麦等）	
	7	起飞前要检查无人机和地面控制系统等电池电量，电量要保证能完成此次作业任务	
	8	起飞前应开机确认地面站与遥控器和无人机的数据传输均正常才能飞行	
	9	起飞前应检查遥控器的各个控制杆杆量显示是否正常，如有问题应及时校准遥控器	
	10	起飞前检查 GPS 信号接收是否正常，如有问题应及时校准磁力计	
	11	起飞前检查照相和摄像设备的电量和储存卡的空间，其电量和储存卡的空间应保证能完成此次作业任务	
	12	飞行中飞控手要密切关注无人机的姿态应与带电体保持的最小安全距离，特殊作业时可增设辅助监视人员	
	13	飞行中作业人员要保证有良好的精神状态	
	14	飞行中作业人员要准确判断无人机与周围环境、障碍物的距离且要留有一定的避险余地	
	15	飞行中地面站控制人员要及时向飞控手报先地面站上的各项数据，如数据超标要及时提醒飞控手	

2. 操作步骤及内容

√	序号	作业内容	作业步骤及标准	安全措施注意事项	责任人签字
	1	无人机检查	机体检查	任何部件都没有出现裂缝	
			各连接部分检查	设备没有松脱的零件	
			螺旋桨检查	螺旋桨没有折断或者损坏	
	2	起飞前环境选择	起飞平台选择	无人机放置在平坦的地面，保证机体平稳，起飞地点尽量避免有沙石、纸屑等杂物	
			起飞风速检测	飞行时风速应不大于 10m/s	
			起飞地点与障碍物的控制	无人机起飞点离障碍物的距离应保持在 20m 以上	
			起飞点信号干扰控制	对 GPS 信号和磁力计不存在干扰，保证 GPS 的卫星颗数不少于 12 颗	

续表

√	序号	作业内容	作业步骤及标准	安全措施注意事项	责任人签字
	3	起飞前电量检查	无人机动力电池电量	用电池电量显示仪对电池进行测试，无人机电池显示参数符合起飞要求	
			遥控器供电	每次飞行时一定要把遥控器电池充满电，保证不会因为电量的原因导致遥控器无法控制无人机；遥控器的频率必须与无人机接收的频率一致	
			地面站供电	携带足够的设备电池，保证地面站电脑的电池能满足该次作业的要求，不要出现在飞行过程中地面站电脑电量不足而关机的情况	
	4	起飞	（1）双摇杆外八字下拉到底，电机启动，无人机进入起飞状态； （2）然后将油门轻推至70%左右无人机便可以起飞	（1）启动螺旋桨后，观察各螺旋桨的工作状态是否正常； （2）飞起后先低空（10m左右）悬停，观察无人机的姿态是否稳定以及地面站的各项数据是否正常； （3）注意在飞行过程中，切不可将摇杆同时外八字下拉到底	
	5	起飞后的控制	要经常关注电量	地面站控制人员密切关注电量，一定要保证无人机有足够的电量返回着陆，当电池电压低于40%必须返航	
			避免在军事设施或者其他大功率辐射源附近飞行	大功率辐射源可能会对无人机GPS信号干扰导致GPS定位精度不够影响飞行，也可能会因信号频率相进对遥控器与无人机的信号接收造成干扰	
			尽量与障碍物保持一定的安全距离	保持足够的安全距离，才能避免因突发的阵风或GPS定位精度不稳定致使无人机大幅度偏移造成事故	
			飞行中的杆量控制	飞行中的杆量控制一定要柔和，不允许出现弹杆的情况，因为弹杆操作容易导致无人机电机转速忽高忽低，影响飞行稳定性	
	6	巡视作业	控制与带电导线的安全距离	无人机应与带电体保持一定安全距离，在有风的情况下可根据风速加大安全距离的裕度	
			控制云台与被拍摄物的夹角	根据作业任务的需求，拍摄位置的不同，视情况调整机身或云台与被拍摄物保持最佳的角度来完成作业任务	
	7	返回地面	返航时杆量应柔和	飞控手不允许使用直接大杆量减油门的方式降落，避免因下洗效应造成坠机。在降高时应采用左右横移同时降低高度的方式降落，也可以采用转圈的方式降落	
			降至一定高度时应保证无人机的姿态	当无人机高度降到10m左右时要保持无人机在飞控手的正前方以便于控制，同时杆量应柔和，让无人机匀速下降	
			着陆要果断	无人机因地效的缘故在快要接地时会出现姿态不稳的现象（类似回弹的现象），此时应果断减油门使其降落	
	8	工作终结汇报	（1）确认所拍视频和照片符合作业任务要求。 （2）清理现场及工具，工作负责人全面检查工作完成情况，清点人数，无误后，宣布工作结束，撤离施工现场	—	

人员确认签字：

（七）现场作业结束

工作单（票）终结

序号	工作内容或要求
1	工作终结后，工作负责人应及时报告工作许可人，报告方法可采用：当面报告、电话报告
2	编制工作终结报告，包括下列内容：工作负责人姓名、工作班组名称、工作任务（说明线路名称、巡检飞行的起止杆塔号等）已经结束，无人机巡检系统已经回收，工作终结
3	已终结的工作单（票）应保存一年

（八）标准化作业指导书执行情况评估

<table>
<tr><td rowspan="4">评估内容</td><td rowspan="2">符合性</td><td>优</td><td></td><td>可操作项</td><td></td></tr>
<tr><td>良</td><td></td><td>不可操作项</td><td></td></tr>
<tr><td rowspan="2">可操作性</td><td>优</td><td></td><td>修改项</td><td></td></tr>
<tr><td>良</td><td></td><td>遗漏项</td><td></td></tr>
<tr><td>存在问题</td><td colspan="5"></td></tr>
<tr><td>改进意见</td><td colspan="5"></td></tr>
</table>

（九）设备入库

序号	工作内容或要求
1	当天巡检作业结束后，应按所用无人机巡检要求进行检查和维护工作，对外观及关键零部件进行检查
2	当天巡检作业结束后，应清理现场，核对设备和工器具清单，确认现场无遗漏
3	当天巡检作业结束后，应将电池取出，并按要求进行保管
4	对于无人机自主巡检作业，应对作业航线进行检查、分析，若有调整应及时更新航线数据库中对应信息
5	库房管理人员依据归还清单上所列的名称、数量、型号进行核对、清点，并检查好设备的质量，做到数量、规格准确无误，质量完好无损，配套齐全，经检查合格后，领用人在签收单上签字后，方可入库

（十）班后会及工作总结

序号	工作内容或要求
1	对巡检杆塔的数量、巡检照片的数量进行审核，对发现的缺陷进行命名，并按照无人机缺陷管理规定进行统计和上报
2	对无人机精细化巡检影像资料及数据进行归档整理
3	对无人机红外测温影像资料进行归档和分析，存在温度异常及时上报
4	填写班后会记录
5	对工作单（票）进行审核及归档、备查

二、多旋翼无人机精细化自主巡检

（一）适用范围

本指导书适用于 220kV 及以上输电线路多旋翼无人机精细化自主巡检作业。

（二）引用文件

GB/T 18037—2000　带电作业工具基本技术要求与设计导则

GB/T 14286—2002　带电作业工具设备术语

DL/T 741—2019　架空输电线路运行规程

DL/T 1578　架空电力线路多旋翼无人机巡检系统

DL/T 1482　架空输电线路无人机巡检作业技术导则

Q/GDW 11399　架空输电线路无人机巡检作业安全工作规程

（三）术语及定义

利用物联网、人工智能、大数据分析、云计算等前沿技术，通过逻辑指令一键实现多架无人机同时自动开展巡检的一项多机多任务协同作业的创新实践。无须遥控器操控，巡检人员在地面操作台发出启动指令后，多架无人机便可分别按照预先设定的路线和任务自主起飞、自主巡检、自主返航降落，对输电线路进行 360° 无死角精细化巡检，全程无需人工干预。

（四）班前会及作业前准备

1. 现场勘察

（1）应确认作业现场天气情况是否满足作业条件。

雾、雪、大雨、冰雹、风力大于 10m/s 等恶劣天气不宜作业。

（2）应确认线路周围地形地貌，是山地、丘陵、城镇还是乡村等。

（3）应确认作业现场空域情况。

① 禁飞区。由国家划设的，未按照国家有关规则经特别批准，任何航空器不得飞入的空间。

② 管控区域。为维护空中交通秩序、保障空中交通安全和国家安全，按照国家有关法规划设，对航空器在空间内的活动应遵守的规则、方式和时间等进行了规定和限制的区域。民用航空的空中管制区包括塔台管制区、进近管制区和区域管制区等，此外还包括但不限于以下区域：

序号	区域	定　义
1	空中禁区	由国家划设的，未按照国家有关规则经特别批准，任何航空器不得飞入的空间
2	空中限制区	由管制部门划设的，在规定时限内，未经管制部门许可的航空器禁止飞入的空间
3	空中危险区	由管制部门划设，供对空射击或者发射使用的，在规定时限内，禁止无关航空器飞入的空间

③ 空域申请。

序号	工作项目	工作内容或要求
1	遵守政策法规	无人机巡检作业应严格按国家相关政策法规、当地民航军管等要求规范化使用空域
2	确认飞行作业区域	工作任务签发前应确认飞行作业区域是否处于空中管制区：未经空中交通管制批准，不得在管制空域内飞行
3	办理空域审批手续	作业执行单位应根据无人机巡检作业计划，按相关要求办理空域审批手续，并密切跟踪当地空域变化情况
4	注意事项	实际飞行巡检范围不应超过批复的空域

（4）应确认巡检线路图。

序号	工作项目	工作内容或要求
1	确认巡检情况	确认巡检作业线路杆塔的类型、坐标及高度、线路周围地形地貌和周边交叉跨越情况
2	航线规划	应根据巡检线路的杆塔坐标、塔高等技术参数，结合线路途经区域地图和现场勘察情况绘制航线，制定巡检方式、起降位置及安全策略。航线规划应避开空中管制区、重要建筑和设施，尽量避开人员活动密集区、通信阻隔区、无线电干扰区、大风或切变风多发区和森林防火区等地区。对首次进行无人机巡检作业的线段，航线规划时应留有充足裕量，与以上区域保持足够的安全距离

续表

序号	工作项目	工作内容或要求
3	资料查阅	（1）巡检前，作业人员应明确无人机巡检作业流程： 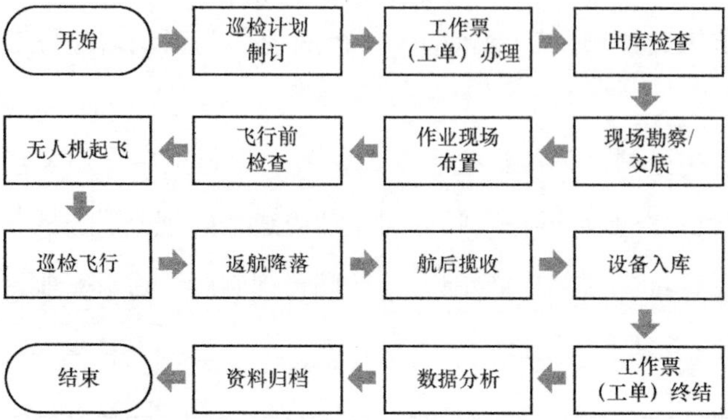 开始 → 巡检计划制订 → 工作票（工单）办理 → 出库检查 → 现场勘察/交底 → 作业现场布置 → 飞行前检查 → 无人机起飞 → 巡检飞行 → 返航降落 → 航后撤收 → 设备入库 → 工作票（工单）终结 → 数据分析 → 资料归档 → 结束 （2）根据巡检任务进行资料查阅，查阅巡检线路台账及卫星地图等资料，掌握杆塔等巡检设备型号参数、坐标高度及巡检线路周围地形地貌和周边交叉跨越情况

2. 无人机系统的配置清单

√	序号	名称	型号/规格	单位	数量	备注

3. 仪器仪表及工器具

序号	名称	单位	数量
1	安全帽	顶	
2	望远镜	台	
3	对讲机	台	
4	激光测距仪	台	
5	风速风向仪	台	
6	安全帽	顶	

4. 出库检查

序号	情况分类	工作内容或要求
1	若无问题	设备出库时，领用人员需当场确认无人机及配件的规格型号和数量，并检查外观及质量，核实无误后在领用单上签字确认
2	若有问题	领用人及时更换完好的无人机或配件，核实无误后在领用单上签字确认

5. 工作人员组成

<table>
<tr><th>组成</th><th>能力要求</th><th colspan="2">职责分工</th></tr>
<tr><td>工作负责人</td><td colspan="3">工作负责人负责全面组织巡检工作开展，负责现场飞行安全</td></tr>
<tr><td rowspan="4">工作班成员</td><td rowspan="4">（1）本年度安规考试成绩合格，具有一定现场运行经验。
（2）作业人员应满足无人机资格证要求，取得 UTC 或 AOPA 等资格证书。
（3）作业人员应熟悉掌握无人机的组装和构成。
（4）作业人员应熟悉掌握输电线路运行规程。
（5）作业人员应熟悉工作业务范围及工作内容</td><td>操控手</td><td>负责无人机起降操控、设备准备、检查、撤收</td></tr>
<tr><td>程控手</td><td>负责程控无人机飞行、遥测信息监测、设备准备、检查、航线规划、撤收</td></tr>
<tr><td>任务手</td><td>负责任务设备操作、现场环境观察、图传信息监测、设备准备、检查、撤收</td></tr>
<tr><td>地勤人员</td><td>负责针对无人机的保养护理，不直接参与无人机执行任务时的控制</td></tr>
</table>

6. 办理工作单（票）

序号	工作内容或要求
1	工作单（票）由工作负责人或工作单（票）签发人填写，工作单由工作负责人填写
2	工作单（票）应用黑色或蓝色的钢（水）笔或圆珠笔填写与签发，内容应正确，填写应清楚，不得任意涂改。如有个别错、漏字需要修改时，应使用规范的符号，字迹应清楚
3	工作单（票）一式两份，应提前分别交给工作负责人和工作许可人
4	用计算机生成或打印的工作单（票）应使用统一的票面格式。工作单（票）应由工作单（票）签发人审核无误，并手工或电子签名后方可执行
5	工作单（票）由设备运维管理单位（部门）签发，也可由经设备运维管理单位（部门）审核合格且经批准的运行检修单位签发
6	运行检修单位的工作单（票）签发人、工作许可人和工作负责人名单应事先送有关设备运维管理单位（部门）备案
7	同一张工作单（票）中，工作单（票）签发人、工作许可人、工作负责人（监护人）不得兼任，且以上均不能作为工作班成员。同一张工作单上，工作许可人、工作负责人（监护人）不得兼任

7. 填写作业指导书

序号	工作内容或要求
1	作业指导书应用黑色或蓝色的钢（水）笔或圆珠笔填写与签发
2	内容应正确，填写应清楚，不得任意涂改
3	如有个别错、漏字需要修改时，应使用规范的符号，字迹应清楚

（五）现场准备

1. 现场复勘

序号	工作内容或要求
1	作业前使用风速仪进行风力等级检测，风力大于5级及以上严禁开展巡检作业
2	如遇雷、雨、雪、大雨、冰雹等恶劣天气严禁作业
3	输电线路在跨越高速铁路两侧杆塔时，严禁无人机巡检作业

2. 布置作业现场

序号	工作项目	工作内容或要求
1	使用工作围栏划分不同的功能区	（1）现场应使用工作围栏划分不同的功能区，功能区包括地面站操作区、无人机起降区、工器具摆放区等，各功能区应有明显区分。 （2）起降区周围应设安全围栏，禁止行人和其他无关人员逗留，特别是在起降过程中，需时刻注意保持与无关人员的安全距离
2	选择合适的起降场地	（1）起降场地应为不小于2m×2m大小的平整地面； （2）巡检全过程中，起降场地与无人机应保持通视，保证遥控、通信质量良好； （3）起降场地周围应无高大建筑、线路、树木等障碍物或地下电缆等干扰源； （4）尽量避免将起降场地设在巡检线路或无人机飞行路径下方、交通繁忙道路及人口密集区附近。 注意事项：若起降区地面尘土、砂砾、树枝等杂物较多，应铺设帆布，防止无人机起飞时杂物卷入螺旋桨面或机体内造成意外
3	架设地面站	选定起降区后，在其附近的合适位置架设地面站，架设地面站时，通信天线应确保在巡检全过程中与无人机无遮挡，保持通信质量良好
4	布置现场	现场布置应保持整洁、有序，工器具放置整齐

3. 作业分工

序号	工作人员	数量	作业分工
1	工作负责人	1名	负责全面组织巡检工作开展，负责现场飞行安全
2	程控手	1名	负责程控无人机飞行、遥测信息监测、设备准备、检查、航线规划、撤收
3	任务手	1名	负责任务设备操作、现场环境观察、图传信息监测、设备准备、检查、撤收
4	地勤人员	1名	负责针对无人机的保养护理，不直接参与无人机执行任务时的控制，协助工作负责人对无人机设备进行收纳和检查

（六）作业程序

1. 宣读工作单（票）及安全注意事项（进行三交代）

（1）危险点分析。

√	序号	工作危险点	责任人签字
	1	起飞前未充分检查设备的各连接部分是否正常，工作中可能发生故障引起危险	
	2	起飞前未充分检查设备的各电器控制部分是否正常，工作中可能发生故障引起危险	
	3	起飞平台地点选择不合理（地面坡度过大或地面有沙石），可能引起侧翻或损伤电机的危险	
	4	起飞前未充分检查起飞环境是否具备飞行条件，飞行中可能发生碰撞或信号干扰引起危险	
	5	起飞前未充分掌握当天天气情况是否具备飞行条件，在飞行过程中遇到影响作业的天气变化，可能导致飞行作业危险性增加	
	6	起飞前通信设备未检查，可能导致飞行中交流不畅引起危险	
	7	起飞前未检查无人机和地面控制系统等电池电量，可能因电量不足导致飞行失控引起危险	
	8	起飞前未检查地面站软件，可能因下行链路数据不正常引起危险	
	9	起飞前未校准遥控器，导致不能准确控制无人机可能引发危险	
	10	起飞前未校准磁力计，可能导致不能接收GPS信号而引发的危险	
	11	起飞前未检查照相和摄像设备的电量和储存卡的空间，可能因电量和储存卡的空间不足导致不能完成此次作业任务	
	12	飞行中飞控手未能准确判断无人机与带电体的最小安全距离，而引起放电危险	
	13	飞行中作业人员存在精神或体力疲劳现象，可能引起操作失误而发生危险	
	14	飞行中作业人员未能准确判断周围环境、障碍物等，可能使飞行发生危险	
	15	飞行中地面站控制人员未能及时向飞控手准确预报数据情况，飞控手可能因飞行数据判断不准而导致误操作引发危险	

（2）生产现场作业十不干、四不伤害。

序号	内　　容	宣读确认	检查确认（√）
1	（1）无票的不干； （2）工作任务、危险点不清楚的不干； （3）危险点控制措施未落实的不干； （4）超出作业范围未经审批的不干； （5）未在接地保护范围内的不干； （6）现场安全措施布置不到位、安全工器具不合格的不干； （7）杆塔根部、基础和拉线不牢固的不干； （8）高处作业防坠落措施不完善的不干； （9）有限空间内气体含量未经检测或检测不合格的不干； （10）工作负责人（专责监护人）不在现场的不干		
2	（1）不伤害他人； （2）不伤害自己； （3）不被别人伤害； （4）保护他人不受伤害		

（3）安全措施。

√	序号	内　　容	责任人签字
	1	起飞前要认真检查设备的机体及螺旋桨是否有破损及裂纹，以及其他各连接部分均正常后才能开机	
	2	起飞前要对各个电器控制部分进行试运行一次，确认无误后才能正式飞行	
	3	起飞平台尽量选择无坡度且开阔的地面，尽量保持地面无杂草、沙石等；在确无合适起飞场地时可使用帆布铺设一个临时起飞平台	
	4	起飞前应充分检查起飞场地周围的环境，要避开高大树木、建筑物和微波塔起飞	
	5	起飞前充分掌握天气情况，风力大于10m/s禁止飞行（新手可控的风速在4m/s左右），雨天禁止飞行	
	6	起飞前要检查通信设备联络畅通（对讲机、耳麦等）	
	7	起飞前要检查无人机和地面控制系统等电池电量，电量要保证能完成此次作业任务	
	8	起飞前应开机确认地面站与遥控器和无人机的数据传输均正常才能飞行	
	9	起飞前应检查遥控器的各个控制杆杆量显示是否正常，如有问题应及时校准遥控器	
	10	起飞前检查GPS信号接收是否正常，如有问题应及时校准磁力计	
	11	起飞前检查照相和摄像设备的电量和储存卡的空间，其电量和储存卡的空间应保证能完成此次作业任务	
	12	飞行中飞控手要密切关注无人机的姿态应与带电体保持的最小安全距离，特殊作业时可增设辅助监视人员	
	13	飞行中作业人员要保证有良好的精神状态	
	14	飞行中作业人员要准确判断无人机与周围环境、障碍物的距离且要留有一定的避险余地	
	15	飞行中地面站控制人员要及时向飞控手报地面站上的各项数据，如数据超标要及时提醒飞控手	

2. 操作步骤及内容

√	序号	作业内容	作业步骤及标准	安全措施注意事项	责任人签字
	1	无人机检查	机体检查	任何部件都没有出现裂缝	
			各连接部分检查	设备没有松脱的零件	
			螺旋桨检查	螺旋桨没有折断或者损坏	
	2	航线设计与审核	控制与带电导线的安全距离	设备运维单位应建立无人机自主巡检航线库并及时更新。无人机自主巡检作业后，应根据巡检结果对自主巡检航线进行校核修正，并将经实飞校核无误的无人机自主巡检航线入库更新	
			控制云台与被拍摄物的夹角		
	3	确定起飞点	（1）左手摇杆向下拉到底（不能松开），把F键往上推到头，启动螺旋桨； （2）然后将油门轻推至70%左右，飞行器便可以起飞，离地后升降杆柔和减量； （3）将SW1推上，使飞行器保持定位起飞状态	（1）启动螺旋桨后360°转动或前后左右推拉右侧摇杆，观察各螺旋桨的工作状态是否正常； （2）飞起后先低空（10m左右）悬停，观察飞行器的姿态是否稳定以及地面站的各项数据是否正常； （3）注意（在飞行过程中，切不可将F键拉回原位）； （4）确定巡检杆塔的起飞点并记录起飞点，对起飞点的全貌进行拍照，绘制起飞点的标记	

续表

√	序号	作业内容	作业步骤及标准	安全措施注意事项	责任人签字
	4	巡视作业	按照设置好的编程进行自主巡检	安排人员对危险点进行实时监控，发现异常及时停止作业	
	5	自主返航、降落	自主返航、降落	安排人员对危险点进行实时监控，发现异常及时停止作业	
	6	数据整理	整理巡检数据	巡检数据处理按照统一标准格式：线路名称（××kV××线）、杆塔编号（××号）逐级建立文件夹归档存放	
	7	工作终结汇报	（1）确认所拍视频和照片符合作业任务要求。 （2）清理现场及工具，工作负责人全面检查工作完成情况，清点人数，无误后，宣布工作结束，撤离施工现场	—	

人员确认签字：

（七）现场作业结束

工作单（票）终结

序号	工作内容或要求
1	工作终结后，工作负责人应及时报告工作许可人，报告方法可采用：当面报告、电话报告
2	编制工作终结报告，包括下列内容：工作负责人姓名、工作班组名称、工作任务（说明线路名称、巡检飞行的起止杆塔号等）已经结束，无人机巡检系统已经回收，工作终结
3	已终结的工作单（票）应保存一年

（八）标准化作业指导书执行情况评估

评估内容	符合性	优		可操作项	
		良		不可操作项	
	可操作性	优		修改项	
		良		遗漏项	
存在问题					
改进意见					

（九）设备入库

序号	工作内容或要求
1	当天巡检作业结束后，应按所用无人机巡检要求进行检查和维护工作，对外观及关键零部件进行检查
2	当天巡检作业结束后，应清理现场，核对设备和工器具清单，确认现场无遗漏
3	对于油动力无人机巡检系统，应将油箱内剩余油品抽出，对于电动力无人机巡检系统，应将电池取出。取出的油品和电池应按要求保管
4	对于无人机自主巡检作业，应对作业航线进行检查、分析，若有调整应及时更新航线数据库中对应信息

（十）班后会及工作总结

序号	工作内容或要求
1	每次巡检作业结束后，应填写无人机巡检系统使用记录单，记录无人机巡检作业情况及无人机当前状态等信息
2	设备运维单位应建立无人机自主巡检航线库并及时更新。无人机自主巡检作业后，应根据巡检结果对自主巡检航线进行校核修正，并将经实飞校核无误的无人机自主巡检航线入库更新
3	设备运维单位应建立健全线路资料信息，包括：线路走向和走势、交叉跨越情况、杆塔坐标、周边地形地貌等，并核实无误
4	设备运维单位应提前掌握线路周边重要建筑和设施、人员活动密集区、空中管制区、无线电干扰区、通信阻隔区、大风或切变风多发区、森林防火区和无人区等的分布情况，提前建立各型无人机巡检作业适航区档案，包括正常作业区、备选起飞和降落区档案
5	无人机自主巡检影像资料及数据归档
6	无人机红外测温归档

三、多旋翼无人机红外测温采集工作

（一）适用范围

本指导书适用于220kV及以上输电线路多旋翼无人机红外测温采集工作。

（二）引用文件

DL/T 741—2019 《架空输电线路运行规程》

DL/T 1482—2015 《架空输电线路无人机巡检作业技术导则》

DL/T 664—2016 《带电设备红外诊断应用规范》

DL/T 741—2010 《架空线路运行规程》

Q/GDW 468—2010 《红外测温仪、红外热像仪校准规范》

Q/GDW 11399—2015 《架空输电线路无人机巡检作业安全工作规程》

T/CEC 113—2016 《电力检测型红外成像仪校准规范》

DL/T 664—2016 《带电设备红外诊断应用规范》

（三）术语及定义

下列术语和定义适用于本现场作业指导书。

无人机红外巡视采用无人机搭载红外热像仪对导线连接点、线夹、绝缘子等部件进行温度检测并记录相关信息。

环境温度参照体用来采集环境温度的物体，它不一定具有当时的真实环境温度，但具有与被检测设备相似的物理属性，并与被检测设备处于相似的环境之中。

电压致热型设备由于电压效应引起发热的设备。

电流致热型设备由于电流效应引起发热的设备。

（四）作业准备

1. 准备工作

（1）作业前，工作负责人认为有必要的应组织现场勘察，校准杆塔 GPS 坐标、塔型信息、查询缺陷记录，做好相应的起降点规划，办理无人机红外测温作业工作任务单。填写设备领取申请表，配备作业任务的无人机、测温设备、电池和配套地面保障设备。

（2）出发前检查领取的设备是否齐全，并对所有设备进行详细检查，确认是否完好可用，如果设备有问题无法正常使用，至仓库管理员处登记并进行更换。

（3）工作负责人根据工作复杂情况及现场情况，合理选择作业人员，填写架空输电线路无人机红外测温任务单；无人机操作人员必须熟知作业内容和作业步骤，作业前应进行任务交底，使工作组全体人员明确作业内容工作危险点、预控措施及技术措施。

2. 人员要求

（1）无人机红外测温作业应配置现场作业人员 2 名，数据处理与分析人员 1 名；

（2）现场作业人员应熟悉中小型旋翼无人机设备、测温设备、红外测温作业方法和技术手段，经理论及技能考试合格后持无人机执照上岗；

（3）作业人员应着装规范，身体健康、精神状态良好；

（4）工作负责人应具有中小型旋翼无人机红外巡检作业实际操作经验的人员担任；

（5）数据处理人员应熟练使用红外测温数据处理软件、熟练掌握缺陷及隐患判断标准。

3. 环境条件要求

（1）一般检测要求。带电设备红外诊断的一般检测应满足以下要求：

① 被检测设备处于带电运行或通电状态或可能引起设备表面温度分布特点的状态。

② 尽量避开视线中的封闭遮挡物。

③ 环境温度宜不低于 0℃，相对湿度不宜大于 85%，白天天气阴天、多云为佳。检测不宜在雷、雨、雾、雪等恶劣气象条件下进行，检测时风速一般不大于 5m/s。当环境条件不满足时，缺陷判断宜谨慎。

④ 在室外或白天检测时，要避免阳光直射或通过被摄物反射入仪器镜头。

⑤ 检测电流致热型设备一般在不低于 30%的额定负荷下检测。很低负荷下检测应

考虑低负荷率设备状态对测试结果及缺陷性质判断的影响。

（2）飞行器巡线检测基本要求。带电设备红外诊断除满足一般检测要求和飞行器适行的要求外，还应满足以下要求：

① 禁止夜航巡线，禁止在变电站和发电厂等正上方近距离飞行检测；

② 飞行器飞行于线路的斜上方并保证有足够的安全距离，巡航速度由巡检方式［如悬停检测、热像拍摄、视频（热像或可见光）记录等］确定，保证图像信息清晰、正确和不缺损；

③ 红外热像仪宜安装在专用的带陀螺仪稳定平台上。

4. 作业设备清单

序号	名称	型　号	单位	数量	备注
1	机体	中小型飞行器	架	1	
2	遥控手柄	—	台	1	
3	云台	两轴自稳云台	台	1	
4	工作电池	电池电压根据各机型起飞电压要求配置	块	4	
5	平板	—	台	1	
6	无人机镜头设备	红外镜头/红外可见光双光镜头	台	1/1	
7	警示围栏	—	副	1	
8	垫子	1m×1m	块	1	
9	风速计	—	个	1	
10	个人工具包	安全防护用品及个人工器具	个	2	

注　工器具的配备应根据巡检现场情况进行调整。

5. 危险点分析及安全措施

序号	危险点	控制措施
1	运输过程中颠簸使无人机碰撞损坏	无人机装车后固定卡扣，确保在运输过程中有柔性保护装置，设备不跑位，固定牢靠。在徒步运输过程中保证飞行器的运输舒适性，设备固定牢靠，设备运输装置有防摔，防潮、防水、耐高温等特性
2	无人机在作业前起飞、作业后降落过程中，可能出现行人或机动车等撞击损坏	在无人机起飞、降落区域装设围栏，对过往行人、机动车等进行提醒，防止碰撞无人机
3	无人机在飞行期间可能出现机体故障造成飞机失控	飞行前作业人员应认真对飞行器机体进行检查，确认各部件无损坏、松动

续表

序号	危险点	控制措施
4	起降过程中作业人员操作不当导致飞行器侧翻损毁、桨叶击碎击伤人体	作业人员应严格按照无人机操作规程进行操作，两名操作人员应互为监督，飞机起降时，15m 范围内严禁站与作业无关人员
5	飞行巡视过程中与杆塔、其他障碍物距离太小发生碰撞	根据作业的风速，无人机与作业目标应保持一定的安全距离
6	飞行巡视过程中突然通信中断飞机失控	飞行前检查应对各种失控保护进行校验，确保因通信中断等各种原因引起无人机失控时保护有效，在飞机数传中断后就记录时间
7	天气突变造成空中气流紊乱使飞机失控	负责人观察风速变化，对风向风速作出分析并预警
8	气温低于 0℃时造成电池掉电快	注意给电池保温，作业前应热机
9	无人机飞行过程中突降大雨，损坏无人机设备	负责人时刻观察湿度变化，对雨雪情况作出预警
10	作业人员对飞行器状态作出错误判断强制飞行而导致飞行意外	作业前机组人员情绪检查，确保无负面情绪
11	红外镜头配重不匹配	搭载适配的红外镜头，防止超荷载
12	镜头正对强光	镜头不可正对阳光，应适当调整角度，保证红外镜头使用寿命

6. 其他安全注意事项

序号	安全注意事项
1	现场人员必须戴好安全帽，穿工作服
2	作业人员在飞行前 8h 不得饮酒
3	严禁在各类禁飞区飞行（机场、军事区）
4	严禁直接徒手接机起飞、降落
5	对于远距离超视距作业，严格按照先上升至安全高度，然后下降高度靠近作业目标的作业方法
6	对于电池电量要做好严格控制，防止因电量不足导致的无人机坠毁

（五）作业程序及标准

1. 起飞准备

（1）装设围栏。使用围栏或其他保护措施，起飞区域内禁止行人和其他无关人员逗留。

（2）设备开启。辅助设备开启、接通遥控器、中小型旋翼无人机组装并加电。

（3）镜头自检。红外镜头调焦并自检，调制拍摄清晰为止。

（4）起飞检查。完成中小型旋翼无人机机体结构检查、环境因素检查、飞行参数检查。

2. 巡检作业

（1）起飞。在保证人员、设备安全的前提下，按照中小型旋翼无人机的操作要求进行起飞操作，并接近被巡检设备。

（2）降落。在预定位置安全降落。

3. 飞后检查和收纳

机体的结构检查、保养并收纳。

4. 记录归档

填写中小型旋翼无人机红外巡检记录、缺陷记录单。

5. 红外测温数据的判断及处理

（1）数据处理方法。为获取所测复合绝缘子不同位置的温度分布，推荐采用软件中的刺点功能，将需要测出温度的区域进行选定，使用专业的后台分析软件将显示出选定区域内的温度最高点、温度最低点、平均温度，依此来判断温度是否符合相关要求，即是否存在发热状态。对于超过 5℃的温升，应至少进行一次复测，复测时应避免阳光影响。

利用红外镜头对应的软件进行温升数据、温升曲线的获取。按以下步骤获取绝缘子温升数据、温升曲线：

① 导入红外图片（见图 1）；

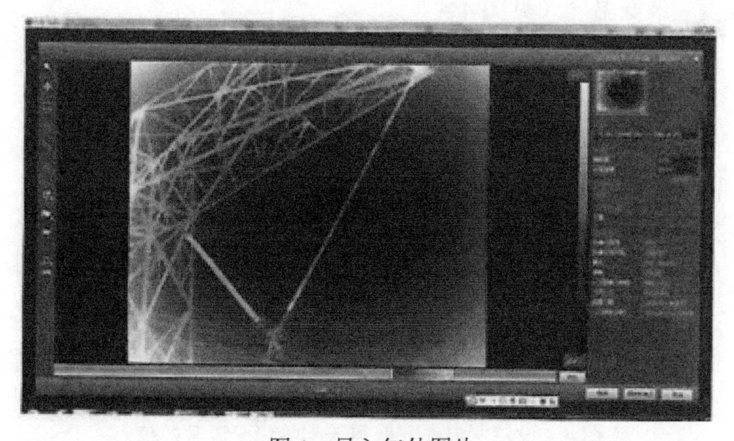

图 1　导入红外图片

② 放大高压端，在高压端均压环往绝缘子中间方向位置，设置测点 1（见图 2）；

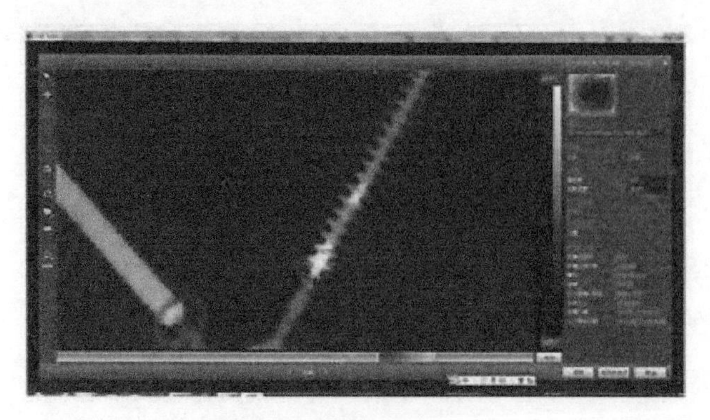

图 2　高压侧设置测点 1

③ 放大低压端，在低压端均压环往绝缘子中间方向位置，设置测点 2（见图 3）；

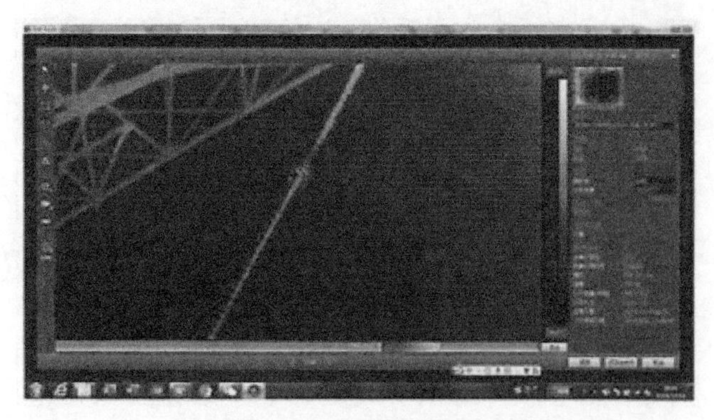

图 3　低压测设置测点 2

④ 在测点 1、测点 2 之间设置测温线；

⑤ 利用软件获得测温沿线的最高温度，最低温度、平均温度，该支绝缘子的温升数值为最高温度－最低温度（见图 4）；

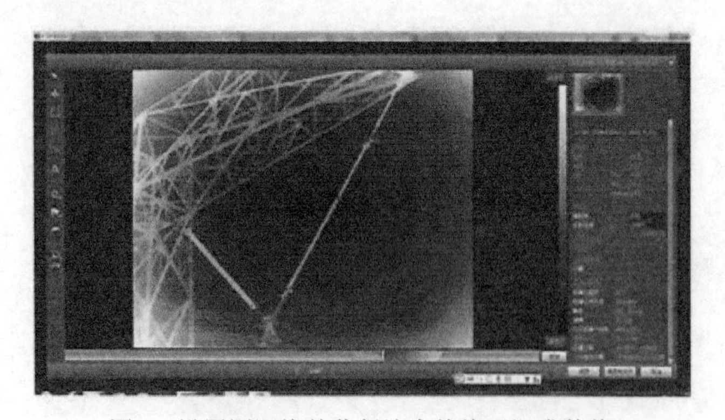

图 4　设置测温线并获得该支绝缘子温升数值

⑥ 利用软件导出测温线沿线的温度曲线，判断是否存在温度突变（见图5）。

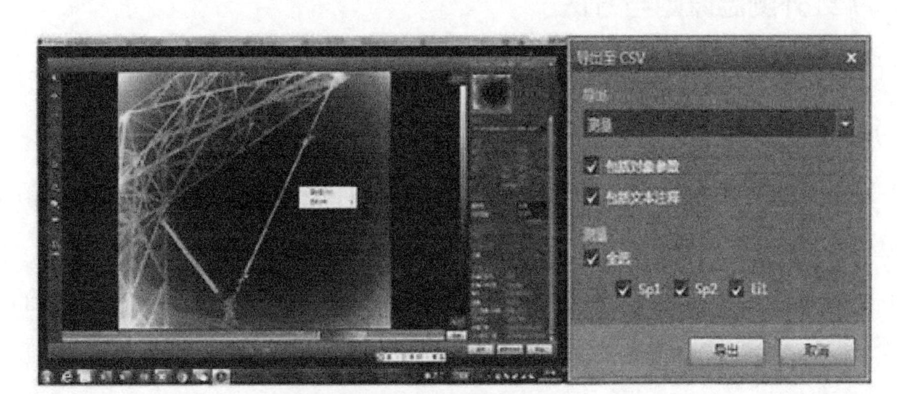

图5　导出红外数据至CSV文件

数据导入CSV文件后，将测温线沿线温度进行作图，可方便判断沿线是否存在超过2℃的温度突变（见图6）。

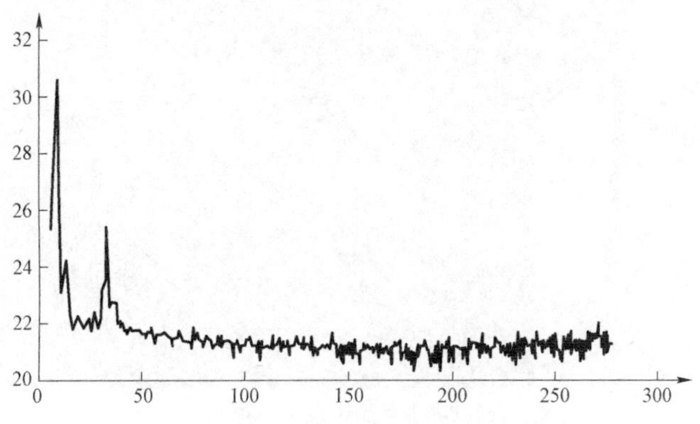

图6　数据导入CSV文件后做出延测温线的温度分布

（2）测温缺陷判据。

设备类别和部位	热像特征	故障特征	缺陷性质		
			紧急缺陷	严重缺陷	一般缺陷
绝缘子串	选定区域为中心的热像，热点明显	接触不良	绝缘子温度曲线分布范围（不同位置温差）大于5℃且温度曲线存在超过2℃的局部突变	绝缘子温度曲线分布范围（不同位置温差）大于2℃、小于5℃，但温度曲线存在超过2℃的局部突变，或者绝缘子温度曲线分布范围（不同位置温差）大于5℃，但温度曲线不存在超过2℃的局部突变	绝缘子温度曲线分布范围（不同位置温差）大于2℃、小于5℃，但温度曲线没有超过2℃的局部突变

（六）红外测温原则与方法

针对不同串型的复合绝缘子拍摄的距离、角度选择可参考如下原则和方法。

1. 总体原则

① 选取天空作为背景，有利于测温对象的识别和聚焦。根据拍摄对象、拍摄环境合理设置红外镜头相关参数。镜头焦距建议设置为 19mm。

② 以确保合成绝缘子芯棒清晰可见为首要原则，尽可能减少伞裙对复合芯棒的遮挡。

③ 由于较高电压等级的复合绝缘子整体长度较长，某些情况下可能无法做到整支芯棒不受伞裙遮挡，考虑到复合绝缘子内部缺陷一般发生在高压端、中部，受限情况下，保证高压侧、中部芯棒不受伞裙遮挡，低压端可适当放宽，推荐效果见图 7。

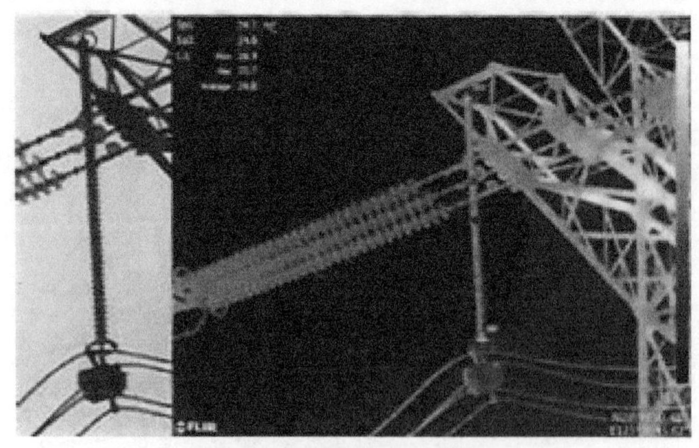

（a）芯棒整体受到遮挡（不推荐）

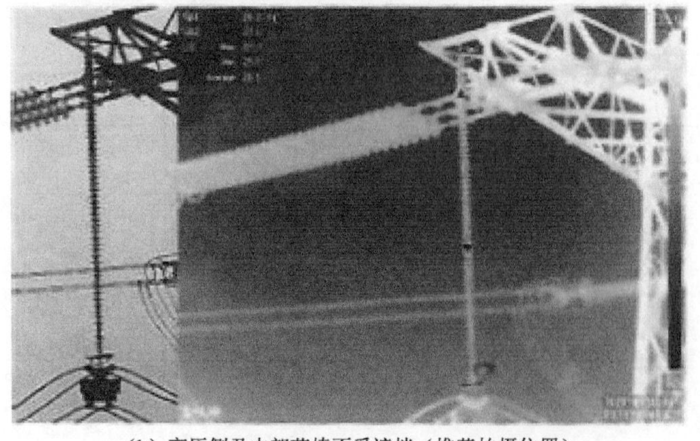

（b）高压侧及中部芯棒不受遮挡（推荐拍摄位置）

图 7 芯棒遮挡与不受遮挡示范图

2. 双回路绝缘子串的拍摄位置、距离及角度的选择

（1）双回路 I 串。

① 镜头上扬角度 10°～15°。

② 从杆塔上方进入双回导线之间拍摄时，无人机水平位置大致位于同相导线下方 1～2m。

③ 自杆塔一侧进入拍摄时，无人机与绝缘子的连线与导线成 45°，距离绝缘子约 5～10m。

④ 拍摄顺序：双回导线之间拍摄时，在同一个位置通过水平左右旋转镜头依次拍摄左侧、右侧绝缘子，先拍上相，再拍中相，最后拍下相；推荐拍摄位置、角度及效果见图 8。

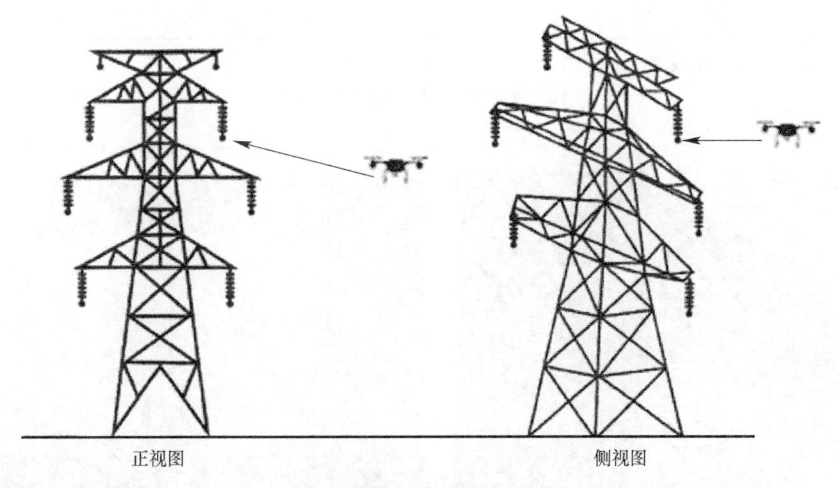

（a）双回路 I 串拍摄位置及角度

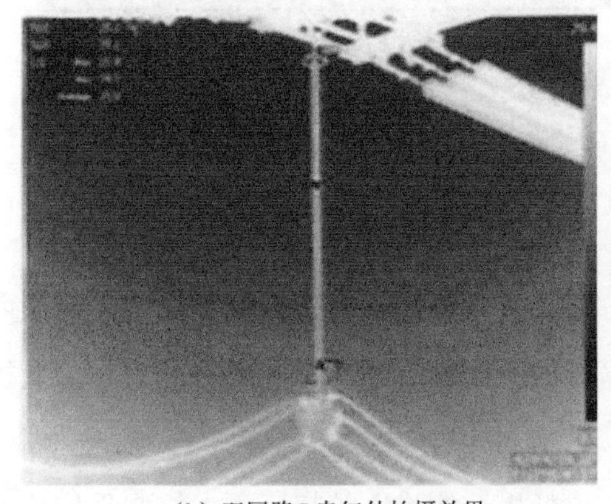

（b）双回路 I 串红外拍摄效果

（c）双回路 I 串同位置可见光拍摄效果

图 8　双回路 I 串拍摄示范图

（2）双回路双 I 串。经采用相同方法对比测试，双回路双 I 串的推荐拍摄原则与双回路 I 串相同，推荐拍摄方法与双回路 I 串相同，见图 9。

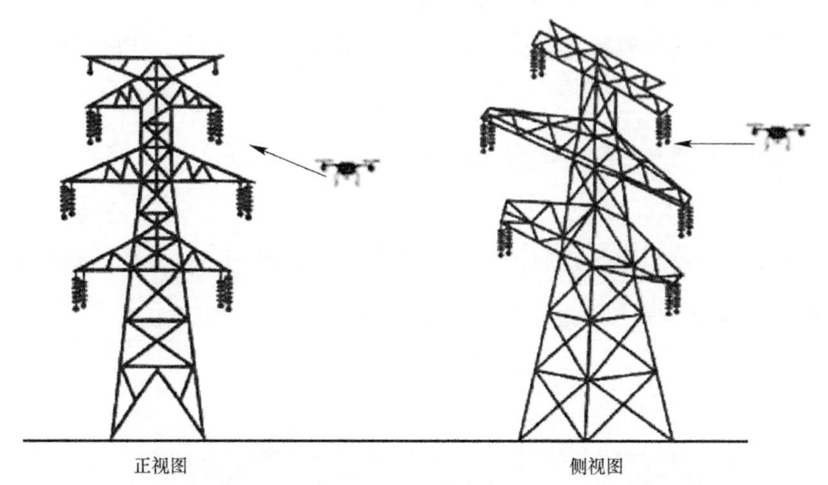

（a）双回路双 I 串拍摄位置及角度

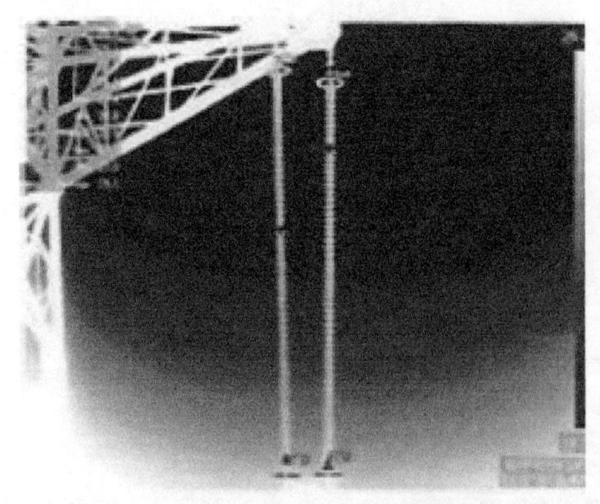

（b）双回路双 I 串红外拍摄效果

（c）双回路双 I 串同位置可见光拍摄效果

图 9　双回路双 I 串拍摄示范图

（3）双回路单 V 串，见图 10。

① 镜头上扬角度 30°。

② 双回路 V 串杆塔内侧绝缘子拍摄时，无人机从杆塔上方进入双回导线之间由内向外拍摄，无人机水平位置大致位于下一层横担的下平面，拍摄下相绝缘子时，无人机大致位于下相横担下方 8m，距离塔身约 10m。

③ 双回路 V 串杆塔外侧绝缘子拍摄时，自杆塔一侧进入拍摄，无人机水平位置大致位于同相导线下方 8m，与绝缘子的连线与导线成 30°～45°，距离绝缘子串约 10m。

④ 拍摄顺序：双回导线之间拍摄时，在同一个位置通过水平左右旋转镜头依次拍摄左侧、右侧绝缘子，先拍上相，再拍中相，最后拍下相。拍摄顺序呈 M 形，见图 11。

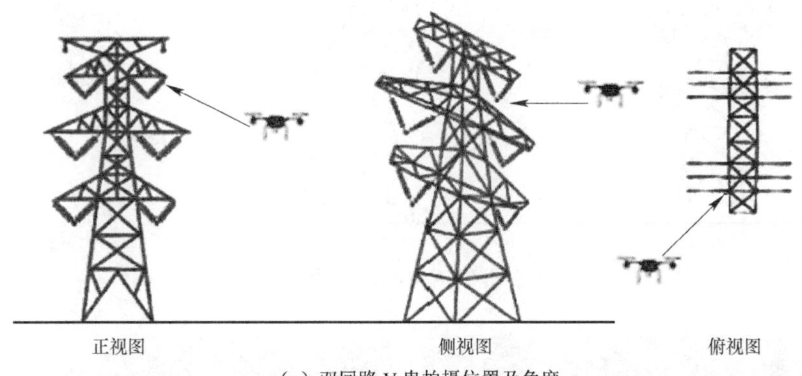

（a）双回路 V 串拍摄位置及角度

（b）双回路单 V 串红外拍摄效果

（c）双回路单 V 串同位置可见光拍摄效果

图 10　双回路单 V 串内侧绝缘子红外拍摄示范图

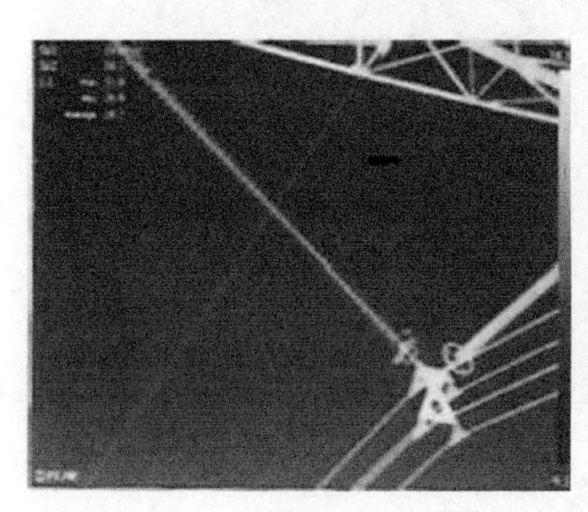

图 11　双回路单 V 串内侧绝缘子红外拍摄示范图

（4）双回路双 V 串。采用与双回路 V 串类似的分析方法，双回路双 V 串的红外推荐拍摄距离、方法与双回路单 V 串相同，见图 12。

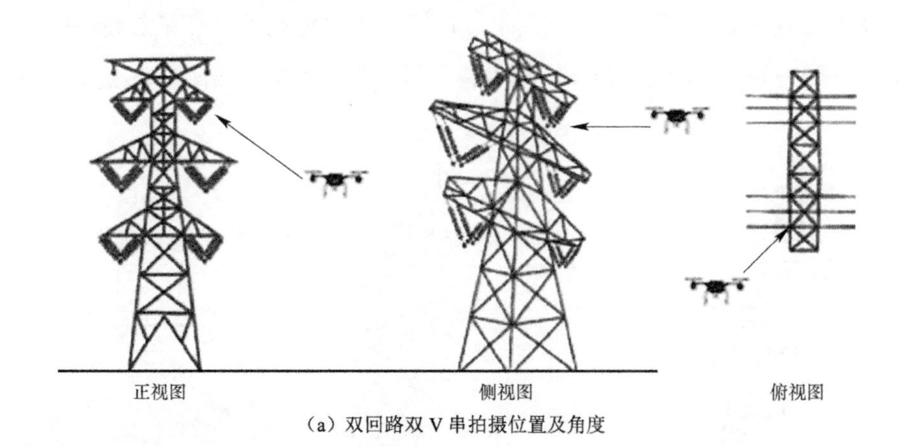

（a）双回路双 V 串拍摄位置及角度

（b）双回路双 V 串红外拍摄效果

（c）双回路双 V 串同位置可见光拍摄效果

图 12　双回路双 V 串外侧绝缘子拍摄示范图

（a）双回路双 V 串红外拍摄效果

（b）双回路双 V 串同位置可见光拍摄效果

图 13　双回路双 V 串内侧绝缘子拍摄示范图

3. 单回路绝缘子串的拍摄位置、距离及角度的选择

（1）单回路 V 串及双 V 串，见图 14。

① 对于中相的 V 串、双 V 串绝缘子，无人机自杆塔一侧进入，距离铁塔 10m，位

置低于中相导线 2～3m，镜头向上 30°，无人机—绝缘子平面与导线夹角 30°～45° 进行拍摄；

② 对于左相、右相内侧绝缘子，无人机自杆塔下横担导线下方进入杆塔中轴线，无人机水平位置低于左相、右相导线 2m 左右，镜头上扬 30°，距离绝缘子串约 10m，通过旋转镜头完成左相、右相内侧绝缘子拍摄；

③ 对于左相、右相外侧绝缘子，无人机在杆塔一侧进行拍摄，无人机与绝缘子的连线与导线成 30°～45°，距离绝缘子串约 10m，镜头上扬 30°。

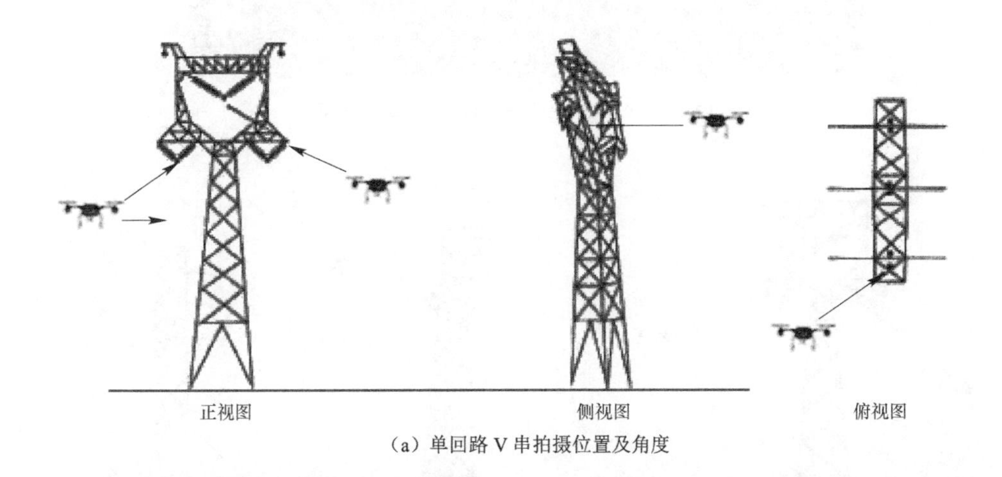

（a）单回路 V 串拍摄位置及角度

（b）左相绝缘子拍摄示范图

（c）右相绝缘子拍摄示范图

图 14　单回路 V 串内侧绝缘子拍摄示范图

（2）单回路 I 串及双 I 串。同样的，单回路 I 串拍摄位置可参考单回 V 串，拍摄的角度可参考双回 I 串，即自塔身一侧，无人机与绝缘子平面与导线夹角呈 30°，无人机水平位置略低于导线，镜头上扬 10° 确保高压侧、中部伞裙不受遮挡，见图 15～图 22。

图 15　单回路 V 串外侧绝缘子拍摄示范图

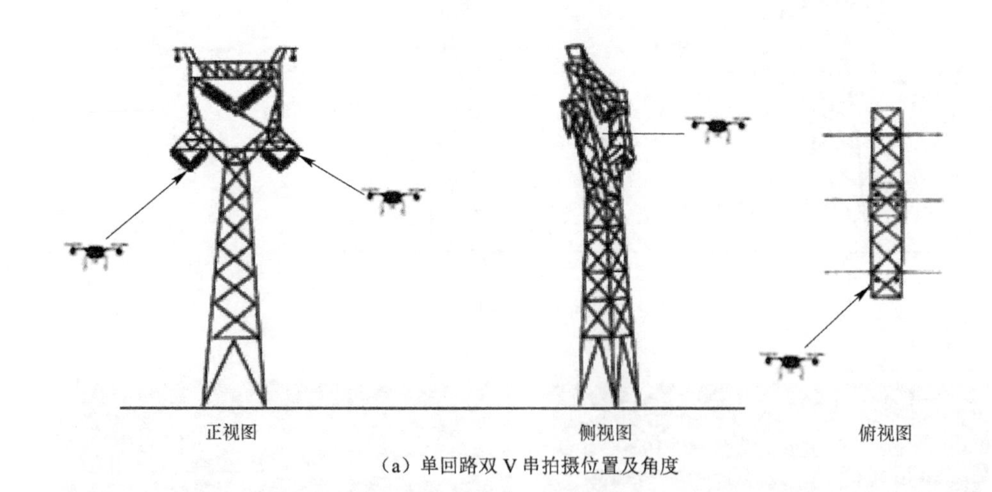

（a）单回路双 V 串拍摄位置及角度

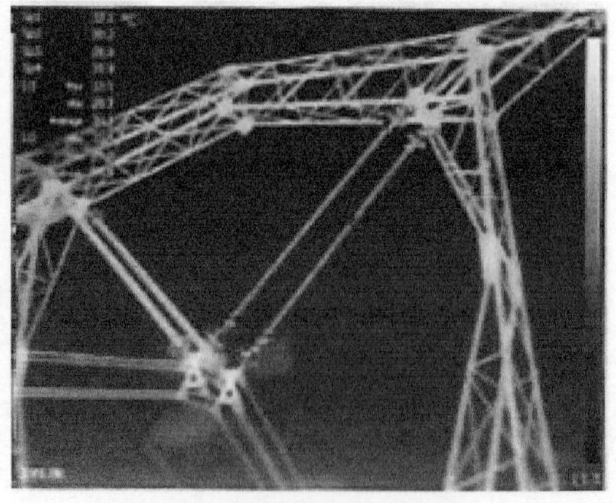

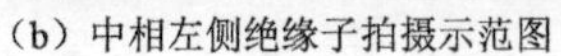

（b）中相左侧绝缘子拍摄示范图

（c）中相右侧绝缘子拍摄示范图

图 16　单回路双 V 串中相绝缘子拍摄示范图

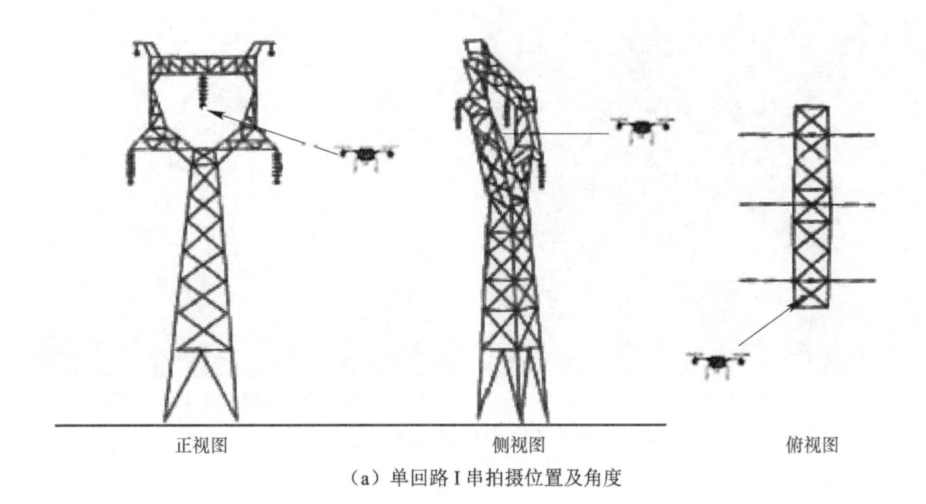

（a）单回路 I 串拍摄位置及角度

（b）单回路 I 串左相红外拍摄效果

（c）单回路 I 串左相同位置可见光拍摄效果

图 17　单回路 I 串左相绝缘子拍摄示范图

（a）单回路 I 串右相红外拍摄效果

（b）单回路 I 串右相同位置可见光拍摄效果

图 18　单回路 I 串右相绝缘子拍摄示范图

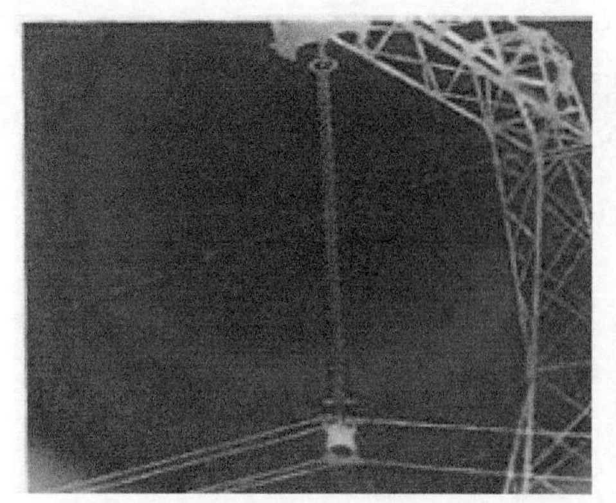

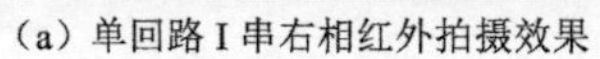

（a）单回路I串右相红外拍摄效果　　（b）单回路I串右相同位置可见光拍摄效果

图19　单回路I串中相绝缘子拍摄示范图

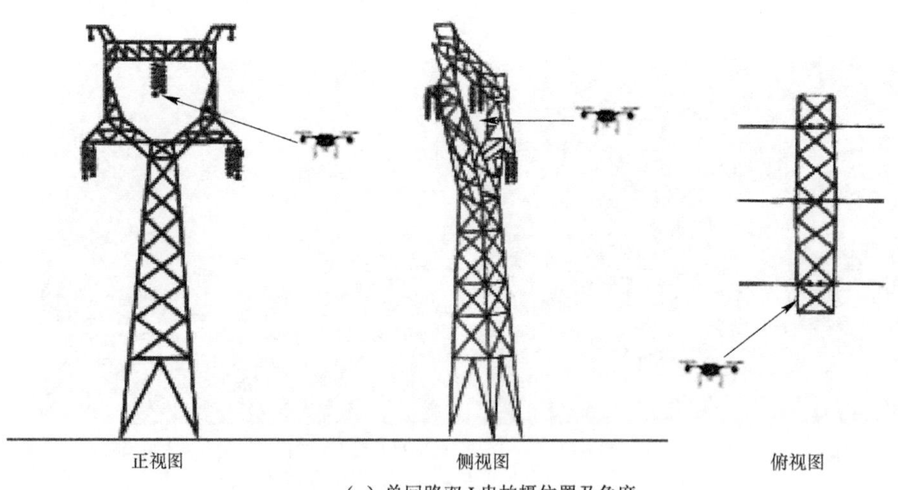

（a）单回路双I串拍摄位置及角度

（b）单回路双I串左相红外拍摄效果　　（c）单回路双I串左相同位置可见光拍摄效果

图20　单回路双I串左相绝缘子拍摄示范图

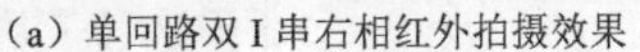

（a）单回路双 I 串右相红外拍摄效果　　（b）单回路双 I 串右相同位置可见光拍摄效果

图 21　单回路双 I 串右相绝缘子拍摄示范

（a）单回路双 I 串中相红外拍摄效果　　（b）单回路双 I 串左相同位置可见光拍摄效果

图 22　单回路双 I 串中相绝缘子拍摄示范图

附录 A.5　国内复合绝缘子发热案例及对应缺陷

文献	线路	温升	复合绝缘子缺陷	缺陷照片	红外照片
500kV 复合绝缘子现场红外测温方法及诊断判据	500kV A 线	43.6℃	从导线侧一直到第十四伞之间，护套均已变硬变脆，第十三与第十四伞之间护套穿孔，第十四伞以上无破损		
500kV 复合绝缘子现场红外测温方法及诊断判据	500kV B 线	6.7℃	该绝缘子损坏严重，从导线侧一直到十六个伞之间，护套均已变硬变脆，第二与第三伞之间、第五与第六伞之间芯棒中的玻璃纤维已部分粉化脱落，十五与十六伞之间护套穿孔，十六伞以上无破损		

续表

文献	线路	温升	复合绝缘子缺陷	缺陷照片	红外照片
500kV 复合绝缘子现场红外测温方法及诊断判据	电厂 500kV 复合绝缘子	11℃	—	—	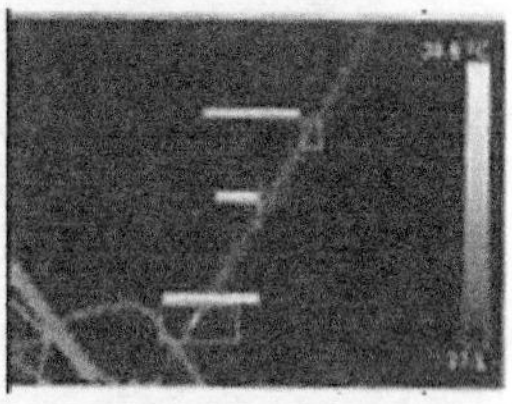
220kV 复合绝缘子发热故障分析	—	33℃（其中一个方向为 10℃）	导线侧第 1～2 大伞之间、5～6 大伞之间有明显裂纹，其他部位无异常。发热部分芯棒颜色变白，1～2 大伞周约 10cm 长的芯棒表面已粉化，玻璃纤维外露，护套与芯棒间的界面粘接松动，护套与芯棒非常容易剥离	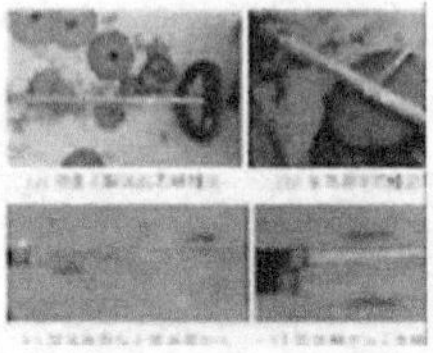	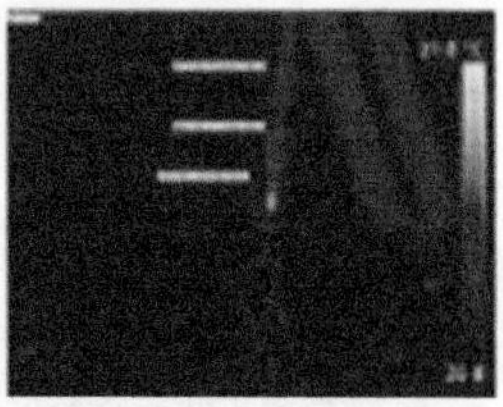
500k 核惠线合成绝缘子异常发热原因分析	500kV 核惠线	最大 11℃	发热绝缘子的老化更为严重，出现了明显的发白、变色、粉化、变硬痕迹（如图 1 所示），同时在 2 号样品与 8 号样品上发现了伞裙破损痕迹	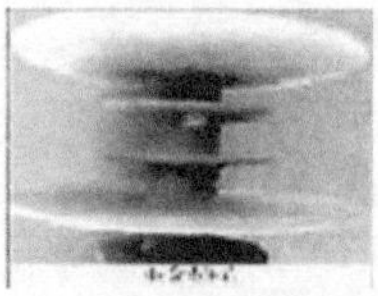	
复合绝缘子酥朽发热老化的原因分析	500kV 陕瀛Ⅱ线 30 号、168 号	14.2℃（实验室 21.3℃）	高压侧发现 1～6 伞间护套表面有少许纵向裂纹，高压侧硅橡胶硬度明显大于中部和低压侧硅橡胶样，高压侧硅橡胶存在表面粉化现象，低压侧和中部硅橡胶颜色与新绝缘子接近，粉化程度较小		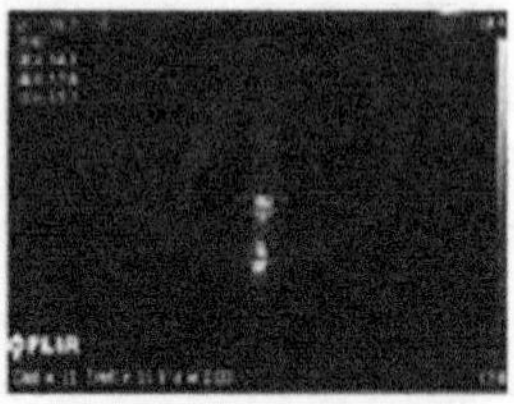
高压输电线路负荷绝缘子发热机理研究	500kV 安北线	33.6℃（实验室 56.5℃）	高压端芯棒已变成丝状，硅橡胶也老化成粉末状		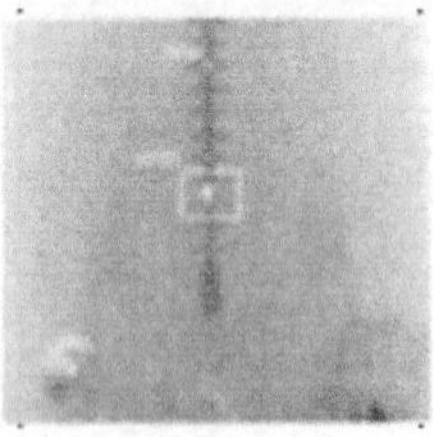
环境湿度对复合绝缘子红外测温的影响	—	3.1℃	绝缘子高压端样品能够发现明显的硅橡胶与芯棒分离缺陷		

附：金属连接类设备

金属连接类设备缺陷部分典型红外热像图如图 B.1～B.10 所示。

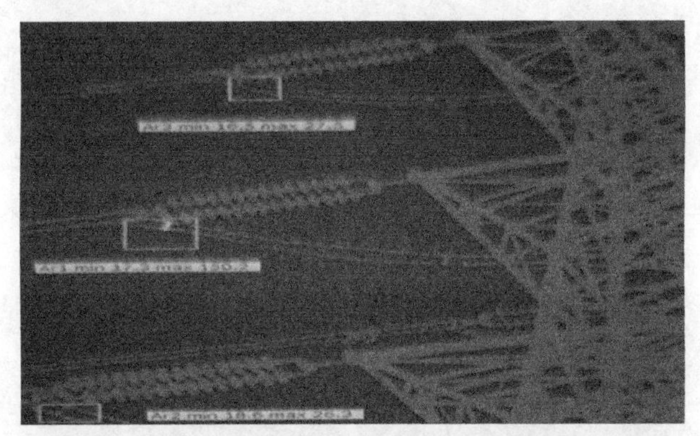

图 B.1　220kV 线路中间相引流线间隔棒发热 150℃

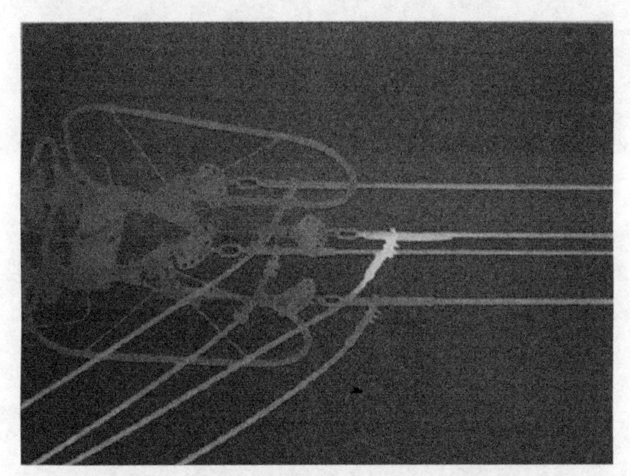

图 B.2　500kV 线夹异常发热，接触不良

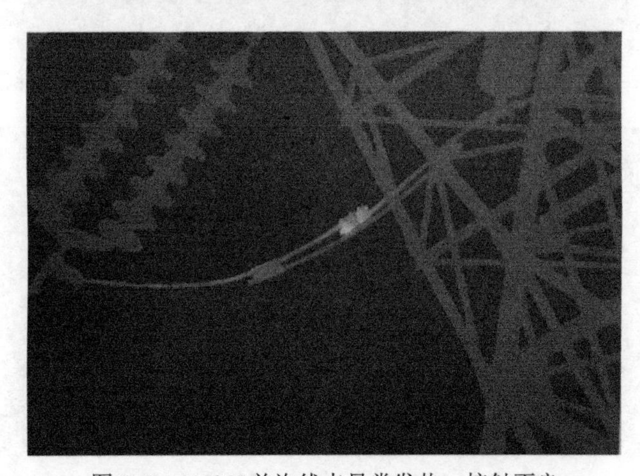

图 B.3　110kV 并沟线夹异常发热，接触不良

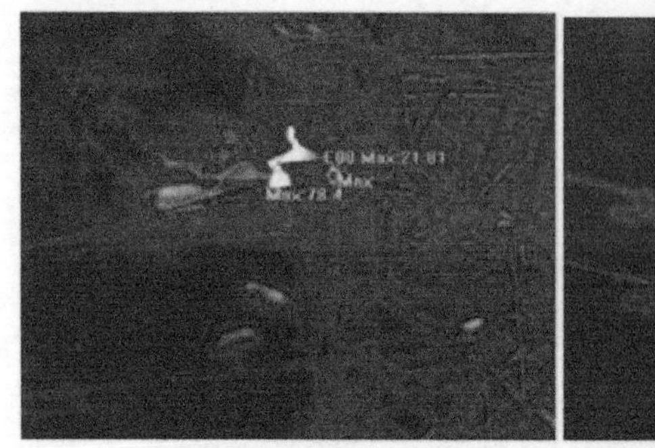

图 B.4　地线（OPGW）预绞式悬垂线夹温升异常　　图 B.5　线路避雷器悬垂线夹温升异常

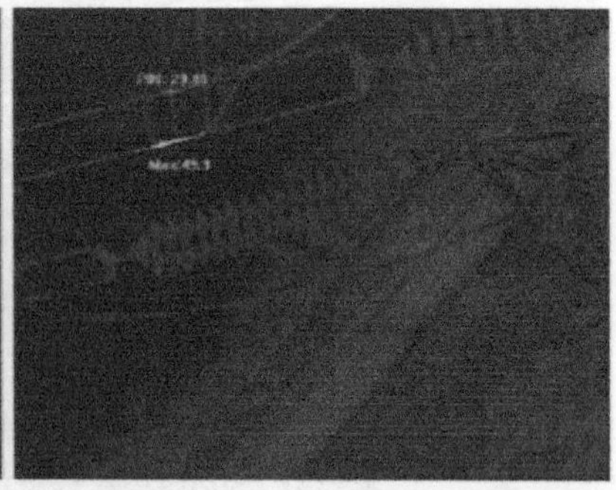

图 B.6　液压型耐张线夹温升异常

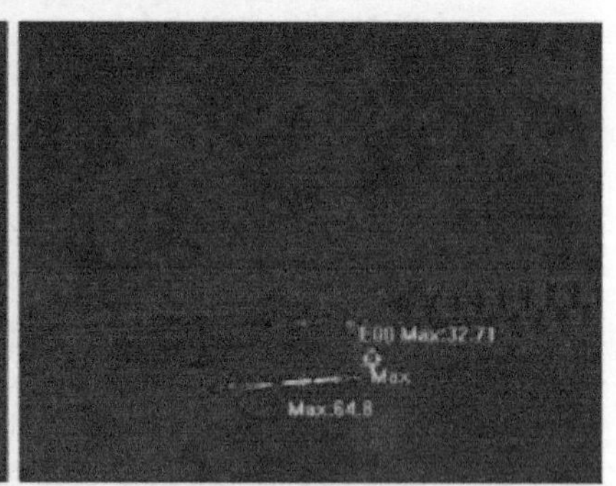

图 B.7　U 型挂板、延长拉杆、直角挂板、扇形调整板温升异常

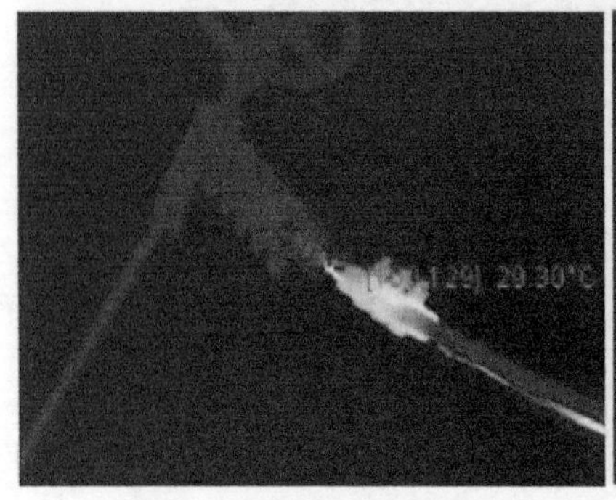

图 B.8　并沟线夹温升异常

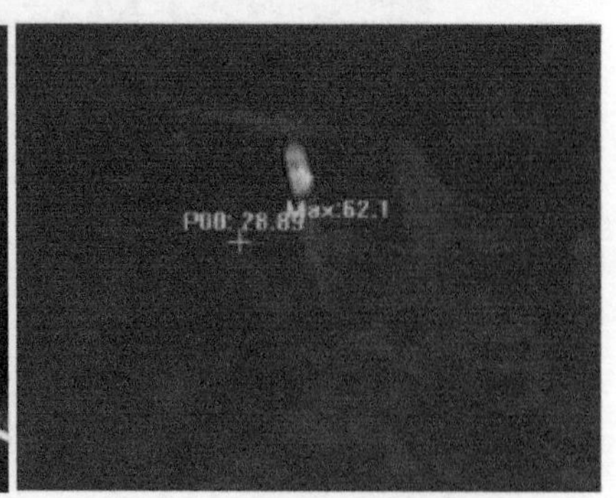

图 B.9　跳线线夹温升异常

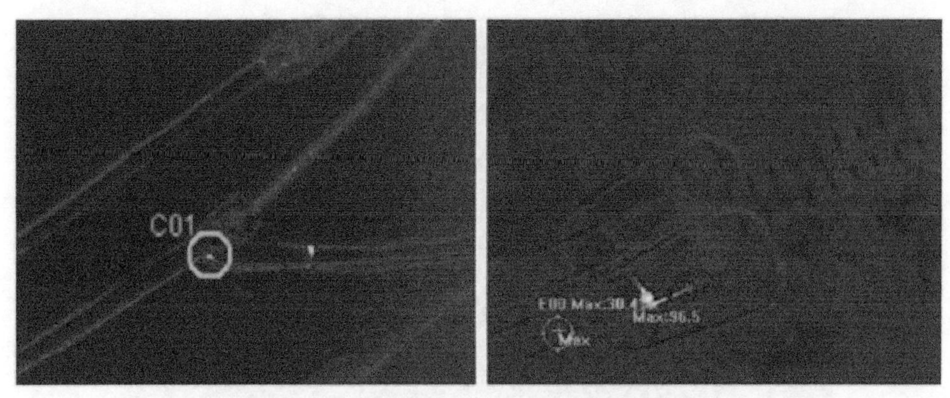

图 B.10　延长拉杆、跳线支撑间隔棒温升异常

附：绝缘子类设备

绝缘子类设备缺陷部分典型红外热像图如图 C.1～图 C.10 所示。

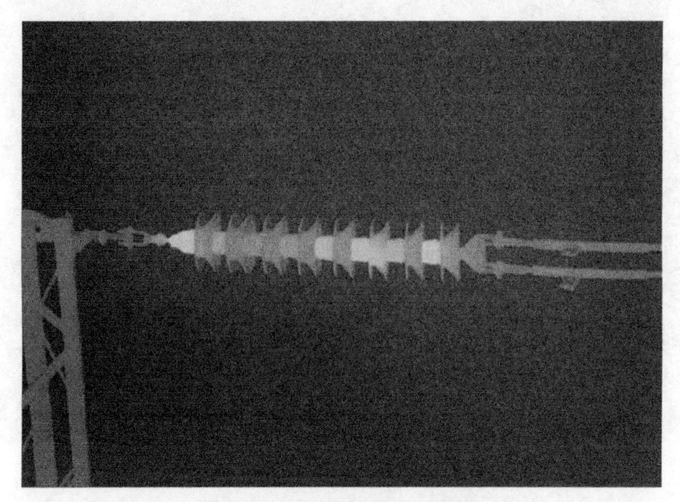

图 C.1　低值瓷绝缘子发热

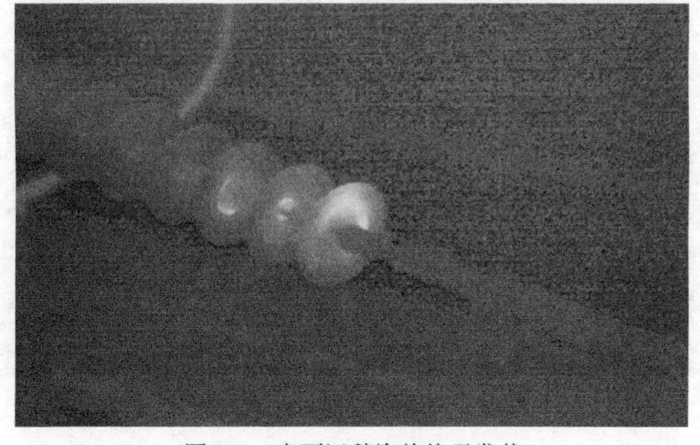

图 C.2　表面污秽瓷绝缘子发热

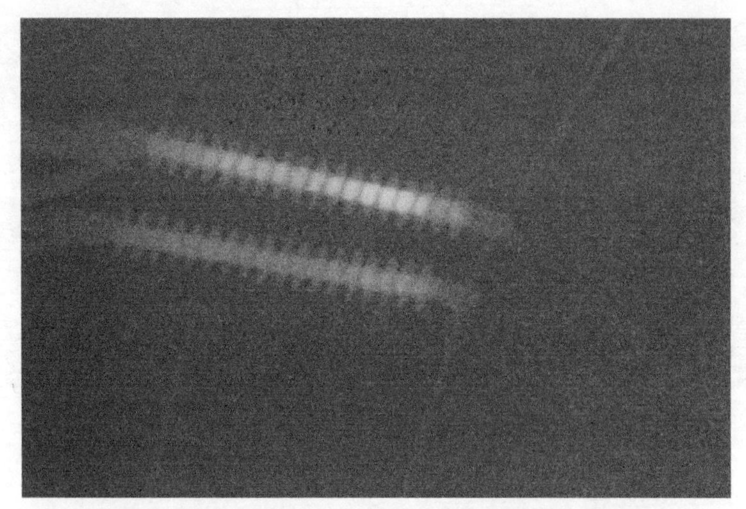

图 C.3　110kV 横担合成绝缘子内部芯棒受潮、发热

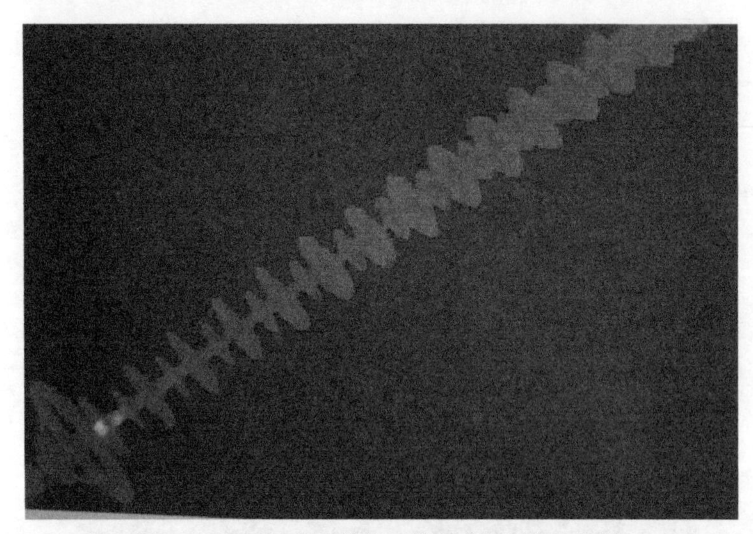

图 C.4　500kV 合成绝缘子端部芯棒受潮，发热

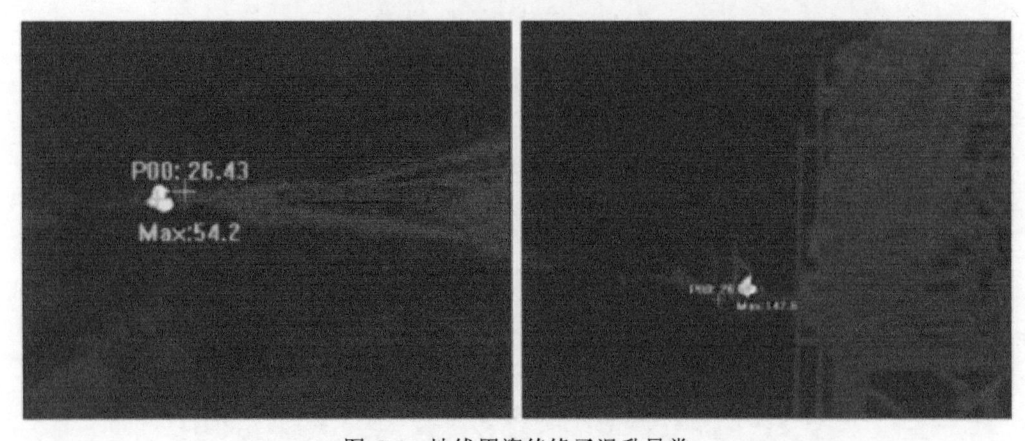

图 C.5　地线用瓷绝缘子温升异常

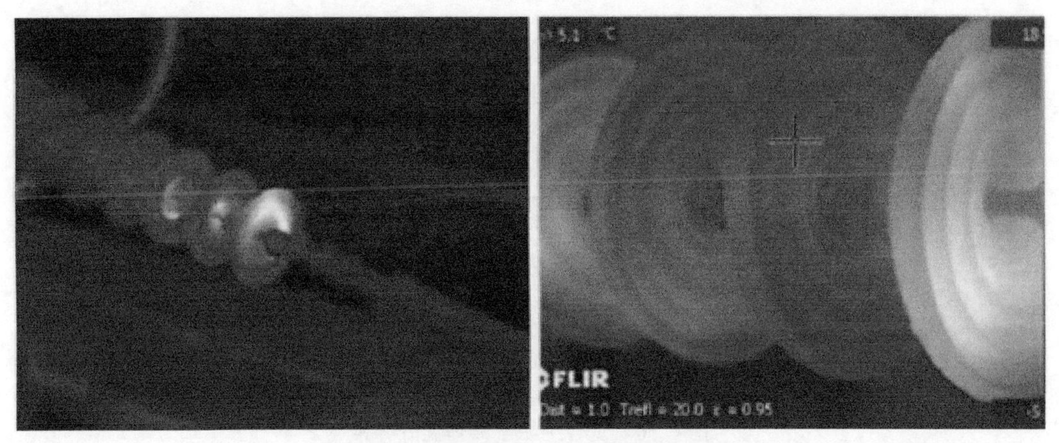

图 C.6　盘型悬式瓷绝缘子温升异常

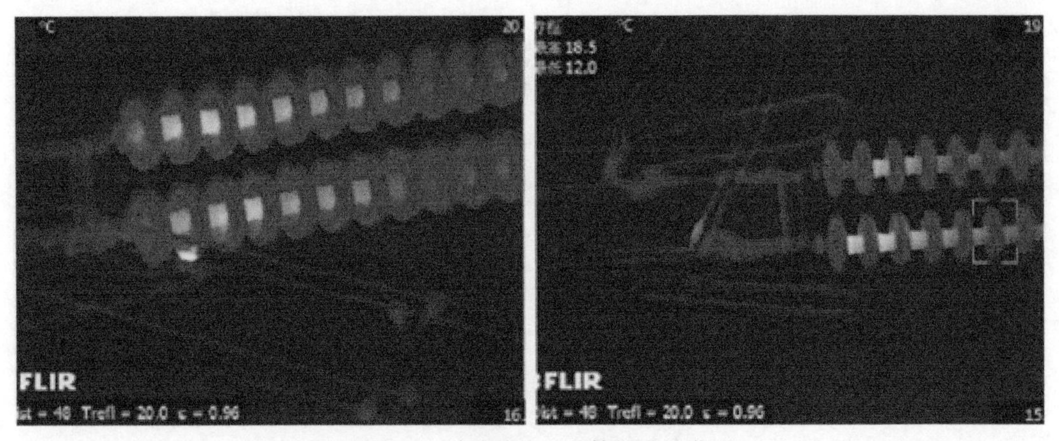

图 C.7　玻璃绝缘子芯棒温升异常

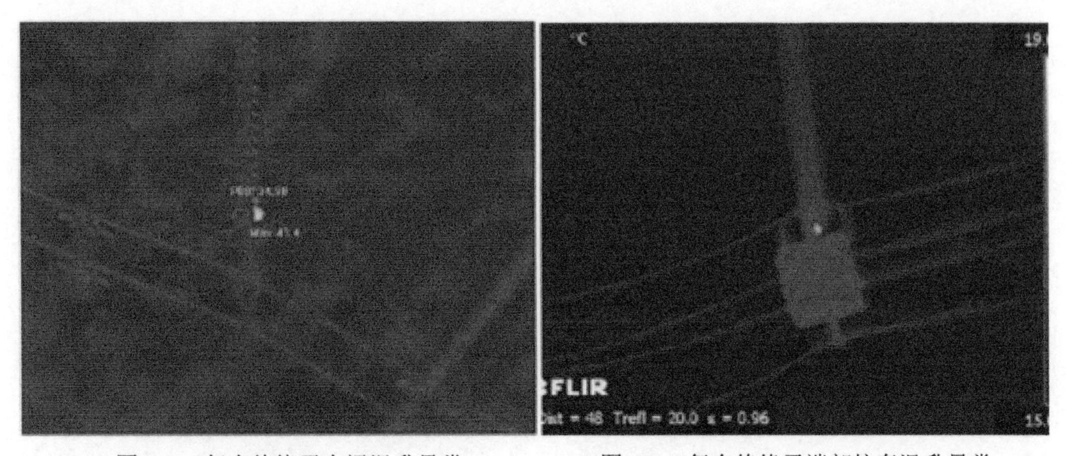

图 C.8　复合绝缘子伞裙温升异常　　　　图 C.9　复合绝缘子端部护套温升异常

图 C.10 复合绝缘子棒体温升异常

四、多旋翼无人机激光点云采集工作

（一）适用范围

本指导书适用于220kV及以上输电线路多旋翼无人机激光点云采集工作。

（二）引用文件

国网宁夏电力公司架空输电线路激光扫描技术应用管理标准

Q/GDW 11399　架空输电线路无人机巡检作业安全工作规程

GB/T 18037—2008　带电作业工具基本技术要求与设计导则

GB/T 14286—2002　带电作业工具设备术语

DL/T 741—2019　架空输电线路运行规程

T/CEC 448—2021　架空输电线路无人机激光扫描作业技术规程

（三）术语及定义

下列术语和定义适用于本现场作业指导书。

激光雷达是一项遥感技术，它利用激光对地球表面以 x、y 和 z 测量值方式进行密集采样。

点云是在同一空间参考系下表达目标空间分布和目标表面特性的海量点集合。

LAS格式是一种用于激光雷达数据交换的开放式/已发布标准文件格式。

（四）班前会及作业前准备

1. 现场勘察

（1）应确认作业现场天气情况是否满足作业条件。

雾、雪、大雨、冰雹、风力大于10m/s等恶劣天气不宜作业。

（2）应确认线路周围地形地貌，是山地、丘陵、城镇还是乡村等。

（3）应确认作业现场空域情况。

① 禁飞区。由国家划设的，未按照国家有关规则经特别批准，任何航空器不得飞入的空间。

② 管控区域。为维护空中交通秩序、保障空中交通安全和国家安全，按照国家有关法规划设，对航空器在空间内活动应遵守的规则、方式和时间等进行了规定和限制的区域。民用航空的空中管制区包括塔台管制区、进近管制区和区域管制区等，此外还包括但不限于以下区域：

序号	区域	定　义
1	空中禁区	由国家划设的，未按照国家有关规则经特别批准，任何航空器不得飞入的空间
2	空中限制区	由管制部门划设的，在规定时限内，未经管制部门许可的航空器禁止飞入的空间
3	空中危险区	由管制部门划设，供对空射击或者发射使用的，在规定时限内，禁止无关航空器飞入的空间

③ 空域申请。

序号	工作项目	工作内容或要求
1	遵守政策法规	无人机巡检作业应严格按国家相关政策法规、当地民航军管等要求规范化使用空域
2	确认飞行作业区域	工作任务签发前应确认飞行作业区域是否处于空中管制区：未经空中交通管制批准，不得在管制空域内飞行
3	办理空域审批手续	作业执行单位应根据无人机巡检作业计划，按相关要求办理空域审批手续，并密切跟踪当地空域变化情况
4	注意事项	实际飞行巡检范围不应超过批复的空域

（4）应确认巡检线路图。

序号	工作项目	工作内容或要求
1	确认巡检情况	确认巡检作业线路杆塔的类型、坐标及高度、线路周围地形地貌和周边交叉跨越情况
2	航线规划	应根据巡检线路的杆塔坐标、塔高等技术参数，结合线路途经区域地图和现场勘察情况绘制航线，制定巡检方式、起降位置及安全策略。 航线规划应避开空中管制区、重要建筑和设施，尽量避开人员活动密集区、通信阻隔区、无线电干扰区、大风或切变风多发区和森林防火区等地区。对首次进行无人机巡检作业的线段，航线规划时应留有充足裕量，与以上区域保持足够的安全距离

续表

序号	工作项目	工作内容或要求
3	资料查阅	（1）巡检前，作业人员应明确无人机激光扫描作业流程： 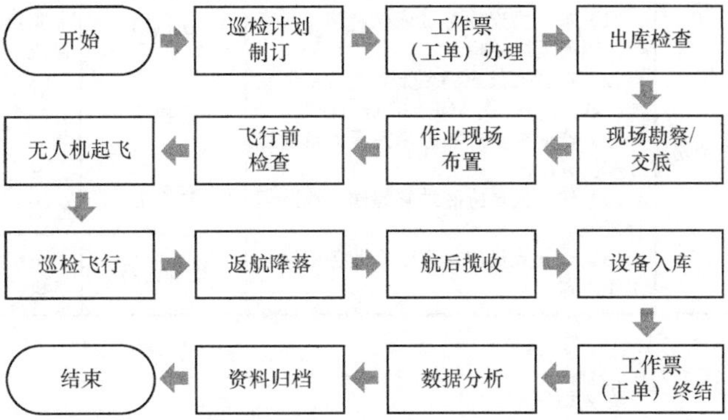 开始 → 巡检计划制订 → 工作票（工单）办理 → 出库检查 → 现场勘察/交底 → 作业现场布置 → 飞行前检查 → 无人机起飞 → 巡检飞行 → 返航降落 → 航后撤收 → 设备入库 → 工作票（工单）终结 → 数据分析 → 资料归档 → 结束 （2）根据巡检任务进行资料查阅，查阅巡检线路台账及卫星地图等资料，掌握杆塔等巡检设备型号参数、坐标高度及巡检线路周围地形地貌和周边交叉跨越情况

2. 无人机系统的配置清单

√	序号	名称	型号/规格	单位	数量	备注

3. 仪器仪表及工器具

序号	名称	单位	数量
1	安全帽	顶	
2	望远镜	台	
3	对讲机	台	
4	激光测距仪	台	
5	风速风向仪	台	
6	激光雷达	台	

4. 工作人员组成

<table>
<tr><th>组成</th><th>能力要求</th><th colspan="2">职责分工</th></tr>
<tr><td>工作负责人</td><td colspan="3">工作负责人负责全面组织巡检工作开展，负责现场飞行安全</td></tr>
<tr><td rowspan="4">工作班成员</td><td rowspan="4">（1）本年度安规考试成绩合格，具有一定现场运行经验。
（2）作业人员应满足无人机资格证要求，取得 UTC 或 AOPA 等资格证书。
（3）作业人员应熟悉掌握无人机的组装和构成。
（4）作业人员应熟悉掌握输电线路运行规程。
（5）作业人员应熟悉工作业务范围及工作内容</td><td>操控手</td><td>负责无人机人工起降操控、设备准备、检查、撤收</td></tr>
<tr><td>程控手</td><td>负责程控无人机飞行、遥测信息监测、设备准备、检查、航线规划、撤收</td></tr>
<tr><td>任务手</td><td>负责任务设备操作、现场环境观察、图传信息监测、设备准备、检查、撤收</td></tr>
<tr><td>地勤人员</td><td>负责针对无人机的保养护理，不直接参与无人机执行任务时的控制</td></tr>
</table>

5. 出库检查

序号	情况分类	工作内容或要求
1	若无问题	设备出库时，领用人员需当场确认无人机及配件的规格型号和数量，并检查外观及质量，核实无误后在领用单上签字确认
2	若有问题	领用人及时更换完好的无人机或配件，核实无误后在领用单上签字确认

6. 办理工作单（票）

序号	工作内容或要求
1	工作单（票）由工作负责人或工作单（票）签发人填写，工作单由工作负责人填写
2	工作单（票）应用黑色或蓝色的钢（水）笔或圆珠笔填写与签发，内容应正确，填写应清楚，不得任意涂改。如有个别错、漏字需要修改时，应使用规范的符号，字迹应清楚
3	工作单（票）一式两份，应提前分别交给工作负责人和工作许可人
4	用计算机生成或打印的工作单（票）应使用统一的票面格式。工作单（票）应由工作单（票）签发人审核无误，并手工或电子签名后方可执行
5	工作单（票）由设备运维管理单位（部门）签发，也可由经设备运维管理单位（部门）审核合格且经批准的运行检修单位签发
6	运行检修单位的工作单（票）签发人、工作许可人和工作负责人名单应事先送有关设备运维管理单位（部门）备案
7	同一张工作单（票）中，工作单（票）签发人、工作许可人、工作负责人（监护人）不得兼任，且以上均不能为工作班成员。同一张工作单上，工作许可人、工作负责人（监护人）不得兼任

7. 填写作业指导书

序号	工作内容或要求
1	作业指导书应用黑色或蓝色的钢（水）笔或圆珠笔填写与签发
2	内容应正确，填写应清楚，不得任意涂改
3	如有个别错、漏字需要修改时，应使用规范的符号，字迹应清楚

（五）现场准备

1. 现场复勘

序号	工作内容或要求
1	作业前使用风速仪进行风力等级检测，风力大于 5 级及以上严禁开展巡检作业
2	如遇雷、雨、雪、大雨、冰雹等恶劣天气严禁作业
3	输电线路在跨越高速铁路两侧杆塔时，严禁无人机巡检作业

2. 作业分工

序号	工作人员	数量	作业分工
1	工作负责人	1 名	负责全面组织激光点云采集工作开展，负责现场作业安全
2	操控手	1 名	负责无人机起降操控、设备准备、检查、撤收
3	程控手	1 名	负责程控无人机飞行、遥测信息监测、设备准备、检查、航线规划、撤收
4	任务手	1 名	负责任务设备操作、现场环境观察、图传信息监测、设备准备、检查、撤收
5	地勤人员	1 名	负责针对无人机的保养护理，不直接参与无人机执行任务时的控制，协助工作负责人对无人机设备进行收纳和检查

3. 布置作业现场

序号	工作项目	工作内容或要求
1	使用工作围栏划分不同的功能区	（1）现场应使用工作围栏划分不同的功能区，功能区包括地面站操作区、无人机起降区、工器具摆放区等，各功能区应有明显区分。 （2）起降区周围应设安全围栏，禁止行人和其他无关人员逗留，特别是在起降过程中，需时刻注意保持与无关人员的安全距离
2	选择合适的起降场地	（1）起降场地应为不小于 2m×2m 大小的平整地面； （2）巡检全过程中，起降场地与无人机应保持通视，保证遥控、通信质量良好； （3）起降场地周围应无高大建筑、线路、树木等障碍物或地下电缆等干扰源； （4）尽量避免将起降场地设在巡检线路或无人机飞行路径下方、交通繁忙道路及人口密集区附近。 注意事项：若起降区地面尘土、砂砾、树枝等杂物较多，应铺设帆布，防止无人机起飞时杂物卷入螺旋桨面或机体内造成意外
3	架设地面站（如需）	选定起降区后，在其附近的合适位置架设地面站，架设地面站时，通信天线应确保在巡检全过程中与无人机无遮挡，保持通信质量良好
4	布置现场	现场布置应保持整洁、有序，工器具放置整齐

（六）作业程序

1. 宣读工作单（票）及安全注意事项（进行三交代）

（1）危险点分析。

√	序号	工作危险点	责任人签字
	1	起飞前未充分检查设备的各连接部分是否正常，工作中可能发生故障引起危险	
	2	起飞前未充分检查设备的各电器控制部分是否正常，工作中可能发生故障引起危险	
	3	起飞平台地点选择不合理（地面坡度过大或地面有沙石），可能引起侧翻或损伤电机的危险	
	4	起飞前未充分检查起飞环境是否具备飞行条件，飞行中可能发生碰撞或信号干扰引起危险	
	5	起飞前未充分掌握当天天气情况是否具备飞行条件，在飞行过程中遇到影响作业的天气变化，可能导致飞行作业危险性增加	
	6	起飞前通信设备未检查，可能导致飞行中交流不畅引起危险	
	7	起飞前未检查无人机和地面控制系统等电池电量，可能因电量不足导致飞行失控引起危险	
	8	起飞前未检查地面站软件，可能因下行链路数据不正常引起危险	
	9	起飞前未校准遥控器，导致不能准确控制无人机可能引发危险	
	10	起飞前未校准磁力计，可能导致不能接收 GPS 信号而引发的危险	
	11	起飞前未检查照相和摄像设备的电量和储存卡的空间，可能因电量和储存卡的空间不足导致不能完成此次作业任务	
	12	飞行中飞控手未能准确判断无人机与带电体的最小安全距离，而引起放电危险	
	13	飞行中作业人员存在精神或体力疲劳现象，可能引起操作失误而发生危险	
	14	飞行中作业人员未能准确判断周围环境、障碍物等，可能使飞行发生危险	
	15	飞行中地面站控制人员未能及时向飞控手准确预报数据情况，飞控手可能因飞行数据判断不准而导致误操作引发危险	

（2）生产现场作业十不干、四不伤害。

序号	内　容	宣读确认	检查确认（√）
1	（1）无票的不干； （2）工作任务、危险点不清楚的不干； （3）危险点控制措施未落实的不干； （4）超出作业范围未经审批的不干； （5）未在接地保护范围内的不干； （6）现场安全措施布置不到位、安全工器具不合格的不干； （7）杆塔根部、基础和拉线不牢固的不干； （8）高处作业防坠落措施不完善的不干； （9）有限空间内气体含量未经检测或检测不合格的不干； （10）工作负责人（专责监护人）不在现场的不干		
2	（1）不伤害他人； （2）不伤害自己； （3）不被别人伤害； （4）保护他人不受伤害		

（3）安全措施。

√	序号	内　容	责任人签字
	1	起飞前要认真检查设备的机体及螺旋桨是否有破损及裂纹，以及其他各连接部分均正常后才能开机	
	2	起飞前要对各个电器控制部分进行试运行一次，确认无误后才能正式飞行	
	3	起飞平台尽量选择无坡度且开阔的地面过大，尽量保持地面无杂草、沙石等；在确无合适起飞场地时可使用帆布铺设一个临时起飞平台	
	4	起飞前应充分检查起飞场地周围的环境，要避开高大树木、建筑物和微波塔起飞	
	5	起飞前充分掌握天气情况，风力大于 10m/s 禁止飞行（新手可控的风速在 4m/s 左右），雨天禁止飞行	
	6	起飞前要检查通信设备联络畅通（对讲机、耳麦等）	
	7	起飞前要检查无人机和地面控制系统等电池电量，电量要保证能完成此次作业任务	
	8	起飞前应开机确认地面站与遥控器和无人机的数据传输均正常才能飞行	
	9	起飞前应检查遥控器的各个控制杆杆量显示是否正常，如有问题应及时校准遥控器	
	10	起飞前检查 GPS 信号接收是否正常，如有问题应及时校准磁力计	
	11	起飞前检查照相和摄像设备的电量和储存卡的空间，其电量和储存卡的空间应保证能完成此次作业任务	
	12	飞行中飞控手要密切关注无人机的姿态应与带电体保持的最小安全距离，特殊作业时可增设辅助监视人员	
	13	飞行中作业人员要保证有良好的精神状态	
	14	飞行中作业人员要准确判断无人机与周围环境、障碍物的距离且要留有一定的避险余地	
	15	飞行中地面站控制人员要及时向飞控手报地面站上的各项数据，如数据超标要及时提醒飞控手	

2. 操作步骤及内容

√	序号	作业内容	作业步骤及标准	安全措施注意事项	责任人签字
	1	航点飞行	设置航线	在地图上设定一系列航点即可自动生成航线，支持每个航点单独设置丰富的动作，同时可调整航点的飞行高度、飞行速度、飞行航向、云台俯仰角度等参数	
			调整飞行姿态		
	2	建图航拍	根据航线规划，检查无人机飞行情况	选定目标区域可自动生成航线，在规划过程中，界面会显示预计飞行的时间，预计拍照数和面积等重要信息	
	3	建图	根据正射影像，边飞便出土，及时发现问题	基于同步定位、地图构建和影像正射纠正算法，在飞行过程中生成二维正射影像，实现边飞边出图。在作业现场就能及时发现问题，灵活采取更具针对性的应对措施	
	4	导入建图	根据拍摄影像生成	导入不同角度拍摄得到的影像，自动生成高精度的实景三维模型。重建速度快、占用内存小，适用于大规模数据的三维重建	
	5	激光点云，导入建模	点云生成	根据大疆智图软件操作功能，对采集的影像资料进行点云生成，并导入模型	
			导入模型		

续表

√	序号	作业内容	作业步骤及标准	安全措施注意事项	责任人签字
	6	数据分析	根据模型进行关键数据的分析	在已建模型上，可轻松测量出目标对象的点坐标、线距离、面积、体积等多种关键数据，为进一步分析决策提供数据支撑。 在测量结束后对测量结果进行管理，如命名测量对象、标注尺寸、导出结果等，让数据存储更加合理，项目优化与报告更加直观高效	
	7	模型展示	核查模型与现场情况	在模型上任意点击，可快速展示此处的所有拍照点及图像。模型与图像间的快速切换便于随时查看现场情况，对具体细节进行核查	
	8	生成精度报告	报告生成	根据模型数据自动生成精度报告，检查是否达到飞行规范	
	9	工作终结汇报	（1）确认所拍视频和照片符合作业任务要求。 （2）清理现场及工具，工作负责人全面检查工作完成情况，清点人数，无误后，宣布工作结束，撤离施工现场	—	

人员确认签字：

（七）现场作业结束

工作单（票）终结

序号	工作内容或要求
1	工作终结后，工作负责人应及时报告工作许可人，报告方法可采用：当面报告、电话报告
2	编制工作终结报告，包括下列内容：工作负责人姓名、工作班组名称、工作任务（说明线路名称、巡检飞行的起止杆塔号等）已经结束，无人机巡检系统已经回收，工作终结
3	已终结的工作单（票）应保存一年

（八）标准化作业指导书执行情况评估

<table>
<tr><td rowspan="4">评估内容</td><td rowspan="2">符合性</td><td>优</td><td></td><td>可操作项</td><td></td></tr>
<tr><td>良</td><td></td><td>不可操作项</td><td></td></tr>
<tr><td rowspan="2">可操作性</td><td>优</td><td></td><td>修改项</td><td></td></tr>
<tr><td>良</td><td></td><td>遗漏项</td><td></td></tr>
<tr><td>存在问题</td><td colspan="5"></td></tr>
<tr><td>改进意见</td><td colspan="5"></td></tr>
</table>

（九）设备入库

序号	工作内容或要求
1	当天巡检作业结束后，应按所用无人机巡检要求进行检查和维护工作，对外观及关键零部件进行检查
2	当天巡检作业结束后，应清理现场，核对设备和工器具清单，确认现场无遗漏
3	当天巡检作业结束后，应将电池取出，并按要求进行保管
4	对于无人机自主巡检作业，应对作业航线进行检查、分析，若有调整应及时更新航线数据库中对应信息
5	库房管理人员依据归还清单上所列的名称、数量、型号进行核对、清点，并检查好设备的质量，做到数量、规格准确无误，质量完好无损，配套齐全，经检查合格后，领用人在签收单上签字后，方可入库

（十）班后会及工作总结

序号	工作内容或要求
1	对无人机精细化巡检影像资料及数据进行归档整理
2	对无人机红外测温影像资料进行归档和分析，存在温度异常及时上报
3	填写班后会记录
4	对工作单（票）进行审核及归档、备查

五、多旋翼无人机实时点云采集工作

（一）适用范围

本指导书适用于 220kV 及以上输电线路多旋翼无人机实时点云采集工作。

（二）引用文件

国网宁夏电力公司架空输电线路激光扫描技术应用管理标准

Q/GDW 11399　架空输电线路无人机巡检作业安全工作规程

GB/T 18037—2008　带电作业工具基本技术要求与设计导则

GB/T 14286—2002　带电作业工具设备术语

DL/T 741—2019　架空输电线路运行规程

T/CEC 448—2021　架空输电线路无人机激光扫描作业技术规程

（三）术语及定义

下列术语和定义适用于本现场作业指导书。

激光雷达是一项遥感技术，它利用激光对地球表面以 x、y 和 z 测量值方式进行密集采样。

点云是在同一空间参考系下表达目标空间分布和目标表面特性的海量点集合。

LAS 格式是一种用于激光雷达数据交换的开放式/已发布标准文件格式。

（四）班前会及作业前准备

1. 现场勘察

（1）应确认作业现场天气情况是否满足作业条件。

（2）雾、雪、大雨、冰雹、风力大于10m/s等恶劣天气不宜作业。

（3）应确认线路周围地形地貌，是山地、丘陵、城镇还是乡村等。

（4）应确认作业现场空域情况。

① 禁飞区。由国家划设的，未按照国家有关规则经特别批准，任何航空器不得飞入的空间。

② 管控区域。为维护空中交通秩序、保障空中交通安全和国家安全，按照国家有关法规划设，对航空器在空间内活动应遵守的规则、方式和时间等进行了规定和限制的区域。民用航空的空中管制区包括塔台管制区、进近管制区和区域管制区等，此外还包括但不限于以下区域：

序号	区域	定　义
1	空中禁区	由国家划设的，未按照国家有关规则经特别批准，任何航空器不得飞入的空间
2	空中限制区	由管制部门划设的，在规定时限内，未经管制部门许可的航空器禁止飞入的空间
3	空中危险区	由管制部门划设，供对空射击或者发射使用的，在规定时限内，禁止无关航空器飞入的空间

③ 空域申请。

序号	工作项目	工作内容或要求
1	遵守政策法规	无人机巡检作业应严格按国家相关政策法规、当地民航军管等要求规范化使用空域
2	确认飞行作业区域	工作任务签发前应确认飞行作业区域是否处于空中管制区：未经空中交通管制批准，不得在管制空域内飞行
3	办理空域审批手续	作业执行单位应根据无人机巡检作业计划，按相关要求办理空域审批手续，并密切跟踪当地空域变化情况
4	注意事项	实际飞行巡检范围不应超过批复的空域

2. 应确认巡检线路图

序号	工作项目	工作内容或要求
1	确认巡检情况	确认巡检作业线路杆塔的类型、坐标及高度、线路周围地形地貌和周边交叉跨越情况
2	航线规划	应根据巡检线路的杆塔坐标、塔高等技术参数，结合线路途经区域地图和现场勘察情况绘制航线，制定巡检方式、起降位置及安全策略。 航线规划应避开空中管制区、重要建筑和设施，尽量避开人员活动密集区、通信阻隔区、无线电干扰区、大风或切变风多发区和森林防火区等地区。对首次进行无人机巡检作业的线段，航线规划时应留有充足裕量，与以上区域保持足够的安全距离

续表

序号	工作项目	工作内容或要求
3	资料查阅	（1）巡检前，作业人员应明确无人机激光扫描作业流程： 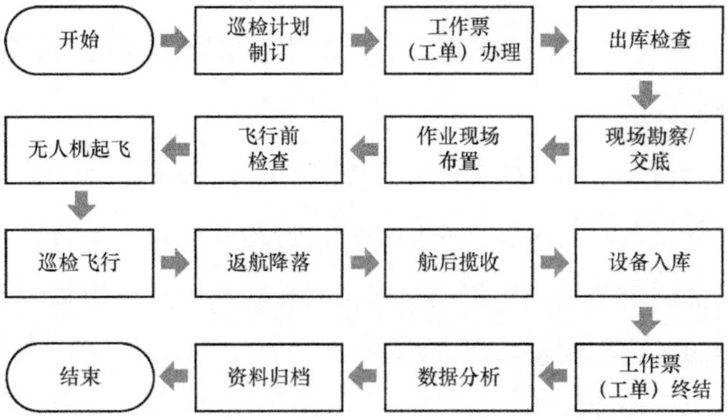 开始 → 巡检计划制订 → 工作票（工单）办理 → 出库检查 → 现场勘察/交底 → 作业现场布置 → 飞行前检查 → 无人机起飞 → 巡检飞行 → 返航降落 → 航后揽收 → 设备入库 → 工作票（工单）终结 → 数据分析 → 资料归档 → 结束 （2）根据巡检任务进行资料查阅，查阅巡检线路台账及卫星地图等资料，掌握杆塔等巡检设备型号参数、坐标高度及巡检线路周围地形地貌和周边交叉跨越情况

3. 无人机系统的配置清单

√	序号	名称	型号/规格	单位	数量	备注

4. 仪器仪表及工器具

序号	名称	单位	数量
1	安全帽	顶	
2	望远镜	台	
3	对讲机	台	
4	激光测距仪	台	
5	风速风向仪	台	

5. 出库检查

序号	情况分类	工作内容或要求
1	若无问题	设备出库时，领用人员需当场确认无人机及配件的规格型号和数量，并检查外观及质量，核实无误后在领用单上签字确认
2	若有问题	领用人及时更换完好的无人机或配件，核实无误后在领用单上签字确认

6. 工作人员组成

<table>
<tr><th>组成</th><th>能力要求</th><th colspan="2">职责分工</th></tr>
<tr><td>工作负责人</td><td colspan="3">工作负责人负责全面组织巡检工作开展，负责现场飞行安全</td></tr>
<tr><td rowspan="4">工作班成员</td><td rowspan="4">（1）本年度安规考试成绩合格，具有一定现场运行经验。
（2）作业人员应满足无人机资格证要求，取得 UTC 或 AOPA 等资格证书。
（3）作业人员应熟悉掌握无人机的组装和构成。
（4）作业人员应熟悉掌握输电线路运行规程。
（5）作业人员应熟悉工作业务范围及工作内容</td><td>操控手</td><td>负责无人机人工起降操控、设备准备、检查、撤收</td></tr>
<tr><td>程控手</td><td>负责程控无人机飞行、遥测信息监测、设备准备、检查、航线规划、撤收</td></tr>
<tr><td>任务手</td><td>负责任务设备操作、现场环境观察、图传信息监测、设备准备、检查、撤收</td></tr>
<tr><td>地勤人员</td><td>负责针对无人机的保养护理，不直接参与无人机执行任务时的控制</td></tr>
</table>

7. 办理工作单（票）

序号	工作内容或要求
1	工作单（票）由工作负责人或工作单（票）签发人填写，工作单由工作负责人填写
2	工作单（票）应用黑色或蓝色的钢（水）笔或圆珠笔填写与签发，内容应正确，填写应清楚，不得任意涂改。如有个别错、漏字需要修改时，应使用规范的符号，字迹应清楚
3	工作单（票）一式两份，应提前分别交给工作负责人和工作许可人
4	用计算机生成或打印的工作单（票）应使用统一的票面格式。工作单（票）应由工作单（票）签发人审核无误，并手工或电子签名后方可执行
5	工作单（票）由设备运维管理单位（部门）签发，也可由经设备运维管理单位（部门）审核合格且经批准的运行检修单位签发
6	运行检修单位的工作单（票）签发人、工作许可人和工作负责人名单应事先送有关设备运维管理单位（部门）备案
7	同一张工作单（票）中，工作单（票）签发人、工作许可人、工作负责人（监护人）不得兼任，且以上均不能为工作班成员。同一张工作单上，工作许可人、工作负责人（监护人）不得兼任

8. 填写作业指导书

序号	工作内容或要求
1	作业指导书应用黑色或蓝色的钢（水）笔或圆珠笔填写与签发
2	内容应正确，填写应清楚，不得任意涂改
3	如有个别错、漏字需要修改时，应使用规范的符号，字迹应清楚

（五）现场准备

1. 现场复勘

序号	工作内容或要求
1	作业前使用风速仪进行风力等级检测，风力大于 5 级及以上严禁开展巡检作业
2	如遇雷、雨、雪、大雨、冰雹等恶劣天气严禁作业
3	输电线路在跨越高速铁路两侧杆塔时，严禁无人机巡检作业

2. 布置作业现场

序号	工作项目	工作内容或要求
1	使用工作围栏划分不同的功能区	（1）现场应使用工作围栏划分不同的功能区，功能区包括地面站操作区、无人机起降区、工器具摆放区等，各功能区应有明显区分。 （2）起降区周围应设安全围栏，禁止行人和其他无关人员逗留，特别是在起降过程中，需时刻注意保持与无关人员的安全距离
2	选择合适的起降场地	（1）起降场地应为不小于 2m×2m 大小的平整地面； （2）巡检全过程中，起降场地与无人机应保持通视，保证遥控、通信质量良好； （3）起降场地周围应无高大建筑、线路、树木等障碍物或地下电缆等干扰源； （4）尽量避免将起降场地设在巡检线路或无人机飞行路径下方、交通繁忙道路及人口密集区附近。 注意事项：若起降区地面尘土、砂砾、树枝等杂物较多，应铺设帆布，防止无人机起飞时杂物卷入螺旋桨面或机体内造成意外
3	架设地面站（如需）	选定起降区后，在其附近的合适位置架设地面站，架设地面站时，通信天线应确保在巡检全过程中与无人机无遮挡，保持通信质量良好
4	布置现场	现场布置应保持整洁、有序，工器具放置整齐

3. 作业分工

序号	工作人员	数量	作业分工
1	工作负责人	1 名	负责全面组织实时点云采集工作开展，负责现场作业安全
2	操控手	1 名	负责无人机起降操控、设备准备、检查、撤收
3	程控手	1 名	负责程控无人机飞行、遥测信息监测、设备准备、检查、航线规划、撤收
4	任务手	1 名	负责任务设备操作、现场环境观察、图传信息监测、设备准备、检查、撤收
5	地勤人员	1 名	负责针对无人机的保养护理，不直接参与无人机执行任务时的控制，协助工作负责人对无人机设备进行收纳和检查

（六）作业程序

1. 宣读工作单（票）及安全注意事项（进行三交代）

（1）危险点分析。

√	序号	工作危险点	责任人签字
	1	起飞前未充分检查设备的各连接部分是否正常，工作中可能发生故障引起危险	
	2	起飞前未充分检查设备的各电器控制部分是否正常，工作中可能发生故障引起危险	
	3	起飞平台地点选择不合理（地面坡度过大或地面有沙石），可能引起侧翻或损伤电机的危险	
	4	起飞前未充分检查起飞环境是否具备飞行条件，飞行中可能发生碰撞或信号干扰引起危险	
	5	起飞前未充分掌握当天天气情况是否具备飞行条件，在飞行过程中遇到影响作业的天气变化，可能导致飞行作业危险性增加	
	6	起飞前通信设备未检查，可能导致飞行中交流不畅引起危险	

续表

√	序号	工作危险点	责任人签字
	7	起飞前未检查无人机和地面控制系统等电池电量，可能因电量不足导致飞行失控引起危险	
	8	起飞前未检查地面站软件，可能因下行链路数据不正常引起危险	
	9	起飞前未校准遥控器，导致不能准确控制无人机可能引发危险	
	10	起飞前未校准磁力计，可能导致不能接收 GPS 信号而引发的危险	
	11	起飞前未检查照相和摄像设备的电量和储存卡的空间，可能因电量和储存卡的空间不足导致不能完成此次作业任务	
	12	飞行中飞控手未能准确判断无人机与带电体的最小安全距离，而引起放电危险	
	13	飞行中作业人员存在精神或体力疲劳现象，可能引起操作失误而发生危险	
	14	飞行中作业人员未能准确判断周围环境、障碍物等，可能使飞行发生危险	
	15	飞行中地面站控制人员未能及时向飞控手准确预报数据情况，飞控手可能因飞行数据判断不准而导致误操作引发危险	

（2）生产现场作业十不干、四不伤害。

序号	内　　容	宣读确认	检查确认（√）
1	（1）无票的不干； （2）工作任务、危险点不清楚的不干； （3）危险点控制措施未落实的不干； （4）超出作业范围未经审批的不干； （5）未在接地保护范围内的不干； （6）现场安全措施布置不到位、安全工器具不合格的不干； （7）杆塔根部、基础和拉线不牢固的不干； （8）高处作业防坠落措施不完善的不干； （9）有限空间内气体含量未经检测或检测不合格的不干； （10）工作负责人（专责监护人）不在现场的不干		
2	（1）不伤害他人； （2）不伤害自己； （3）不被别人伤害； （4）保护他人不受伤害		

（3）安全措施。

√	序号	内　　容	责任人签字
	1	起飞前要认真检查设备的机体及螺旋桨是否有破损及裂纹，以及其他各连接部分均正常后才能开机	
	2	起飞前要对各个电器控制部分进行试运行一次，确认无误后才能正式飞行	
	3	起飞平台尽量选择无坡度且开阔的地面过大，尽量保持地面无杂草、沙石等；在确无合适起飞场地时可使用帆布铺设一个临时起飞平台	
	4	起飞前应充分检查起飞场地周围的环境，要避开高大树木、建筑物和微波塔起飞	
	5	起飞前充分掌握天气情况，风力大于 10m/s 禁止飞行（新手可控的风速在 4m/s 左右），雨天禁止飞行	

续表

√	序号	内　容	责任人签字
	6	起飞前要检查通信设备联络畅通（对讲机、耳麦等）	
	7	起飞前要检查无人机和地面控制系统等电池电量，电量要保证能完成此次作业任务	
	8	起飞前应开机确认地面站与遥控器和无人机的数据传输均正常才能飞行	
	9	起飞前应检查遥控器的各个控制杆杆量显示是否正常，如有问题应及时校准遥控器	
	10	起飞前检查 GPS 信号接收是否正常，如有问题应及时校准磁力计	
	11	起飞前检查照相和摄像设备的电量和储存卡的空间，其电量和储存卡的空间应保证能完成此次作业任务	
	12	飞行中飞控手要密切关注无人机的姿态应与带电体保持的最小安全距离，特殊作业时可增设辅助监视人员	
	13	飞行中作业人员要保证有良好的精神状态	
	14	飞行中作业人员要准确判断无人机与周围环境、障碍物的距离且要留有一定的避险余地	
	15	飞行中地面站控制人员要及时向飞控手报地面站上的各项数据，如数据超标要及时提醒飞控手	

2. 操作步骤及内容

√	序号	作业内容	作业步骤及标准	安全措施注意事项	责任人签字
	1	航点飞行	设置航线	在地图上设定一系列航点即可自动生成航线，支持每个航点单独设置丰富的动作，同时可调整航点的飞行高度、飞行速度、飞行航向、云台俯仰角度等参数	
			调整飞行姿态		
	2	建图航拍	根据航线规划，检查无人机飞行情况	选定目标区域可自动生成航线，在规划过程中，界面会显示预计飞行的时间，预计拍照数和面积等重要信息	
	3	实时建图	根据正射影像，边飞便出土，及时发现问题	基于同步定位、地图构建和影像正射纠正算法，在飞行过程中生成二维正射影像，实现边飞边出图。在作业现场就能及时发现问题，灵活采取更具针对性的应对措施	
	4	导入建图	根据拍摄影像生成	导入不同角度拍摄得到的影像，自动生成高精度的实景三维模型。重建速度快、占用内存小，适用于大规模数据的三维重建	
	5	激光点云，导入建模	点云生成	根据大疆智图软件操作功能，对采集的影像资料进行点云生成，并导入模型	
			导入模型		
	6	数据分析	根据模型进行关键数据的分析	在已建模型上，可轻松测量出目标对象的点坐标、线距离、面积、体积等多种关键数据，为进一步分析决策提供数据支撑。 在测量结束后对测量结果进行管理，如命名测量对象、标注尺寸、导出结果等，让数据存储更加合理，项目优化与报告更加直观高效	
	7	模型展示	核查模型与现场情况	在模型上任意点击，可快速展示此处的所有拍照点及图像。模型与图像间的快速切换便于随时查看现场情况，对具体细节进行核查	

续表

√	序号	作业内容	作业步骤及标准	安全措施注意事项	责任人签字
	8	生成精度报告	报告生成	根据模型数据自动生成精度报告，检查是否达到飞行规范	
	9	工作终结汇报	（1）确认所拍视频和照片符合作业任务要求。 （2）清理现场及工具，工作负责人全面检查工作完成情况，清点人数，无误后，宣布工作结束，撤离施工现场	—	
人员确认签字：					

（七）现场作业结束

工作单（票）终结

序号	工作内容或要求
1	工作终结后，工作负责人应及时报告工作许可人，报告方法可采用：当面报告、电话报告
2	编制工作终结报告，包括下列内容：工作负责人姓名、工作班组名称、工作任务（说明线路名称、巡检飞行的起止杆塔号等）已经结束，无人机巡检系统已经回收，工作终结
3	已终结的工作单（票）应保存一年

（八）标准化作业指导书执行情况评估

评估内容	符合性	优		可操作项	
		良		不可操作项	
	可操作性	优		修改项	
		良		遗漏项	
存在问题					
改进意见					

（九）设备入库

序号	工作内容或要求
1	当天巡检作业结束后，应按所用无人机巡检要求进行检查和维护工作，对外观及关键零部件进行检查
2	当天巡检作业结束后，应清理现场，核对设备和工器具清单，确认现场无遗漏
3	当天巡检作业结束后，应将电池取出，并按要求进行保管
4	对于无人机自主巡检作业，应对作业航线进行检查、分析，若有调整应及时更新航线数据库中对应信息

续表

序号	工作内容或要求
5	库房管理人员依据归还清单上所列的名称、数量、型号进行核对、清点，并检查好设备的质量，做到数量、规格准确无误，质量完好无损，配套齐全，经检查合格后，领用人在签收单上签字后，方可入库

（十）班后会及工作总结

序号	工作内容或要求
1	对无人机精细化巡检影像资料及数据进行归档整理
2	对无人机红外测温影像资料进行归档和分析，存在温度异常及时上报
3	填写班后会记录
4	对工作单（票）进行审核及归档、备查

六、多旋翼无人机配合小飞人带电作业

（一）适用范围

本指导书适用于 220kV 及以上输电线路无人机配合小飞人带电作业。

（二）引用文件

GB/T 18037—2000　带电作业工具基本技术要求与设计导则

GB/T 14286—2002　带电作业工具设备术语

DL/T 741—2019　架空输电线路运行规程

DL/T 1578　架空电力线路多旋翼无人机巡检系统

DL/T 1482　架空输电线路无人机巡检作业技术导则

Q/GDW 11399　架空输电线路无人机巡检作业安全工作规程

（三）术语及定义

小飞人是一款通过电力驱动、使人或物快速升降的设备，具有体积小、重量轻、携带方便、自备蓄电池、操作简单等特点，其中最大的特点就是省力，是高空作业的“好伙伴”。

带电作业是指在高压电气设备上不停电进行检修、测试的一种作业方法。电气设备在长期运行中需要经常测试、检查和维修。带电作业是避免检修停电，保证正常供电的有效措施。

（四）班前会及作业前准备

1. 现场勘察

（1）应确认作业现场天气情况是否满足作业条件，雾、雪、大雨、冰雹、风力大于

10m/s 等恶劣天气不宜作业。

（2）应确认线路周围地形地貌，是山地、丘陵、城镇还是乡村等。

（3）应确认作业现场空域情况。

① 禁飞区。由国家划设的，未按照国家有关规则经特别批准，任何航空器不得飞入的空间。

② 管控区域。为维护空中交通秩序、保障空中交通安全和国家安全，按照国家有关法规划设，对航空器在空间内活动应遵守的规则、方式和时间等进行了规定和限制的区域。民用航空的空中管制区包括塔台管制区、进近管制区和区域管制区等，此外还包括但不限于以下区域：

序号	区域	定　义
1	空中禁区	由国家划设的，未按照国家有关规则经特别批准，任何航空器不得飞入的空间
2	空中限制区	由管制部门划设的，在规定时限内，未经管制部门许可的航空器禁止飞入的空间
3	空中危险区	由管制部门划设，供对空射击或者发射使用的，在规定时限内，禁止无关航空器飞入的空间

③ 空域申请。

序号	工作项目	工作内容或要求
1	遵守政策法规	无人机巡检作业应严格按国家相关政策法规、当地民航军管等要求规范化使用空域
2	确认飞行作业区域	工作任务签发前应确认飞行作业区域是否处于空中管制区：未经空中交通管制批准，不得在管制空域内飞行
3	办理空域审批手续	作业执行单位应根据无人机巡检作业计划，按相关要求办理空域审批手续，并密切跟踪当地空域变化情况
4	注意事项	实际飞行巡检范围不应超过批复的空域

2. 无人机抛绳装置（含“小飞人”装置）配置清单

√	序号	名称	型号/规格	单位	数量	备注

3. 出库检查

序号	情况分类	工作内容或要求
1	若无问题	设备出库时，领用人员需当场确认无人机及配件的规格型号和数量，并检查外观及质量，核实无误后在领用单上签字确认
2	若有问题	领用人及时更换完好的无人机或配件，核实无误后在领用单上签字确认

4. 办理工作单（票）单

序号	工作内容或要求
1	工作单（票）由工作负责人或工作单（票）签发人填写，工作单由工作负责人填写
2	工作单（票）应用黑色或蓝色的钢（水）笔或圆珠笔填写与签发，内容应正确，填写应清楚，不得任意涂改。如有个别错、漏字需要修改时，应使用规范的符号，字迹应清楚
3	工作单（票）一式两份，应提前分别交给工作负责人和工作许可人
4	用计算机生成或打印的工作单（票）应使用统一的票面格式。工作单（票）应由工作单（票）签发人审核无误，并手工或电子签名后方可执行
5	工作单（票）由设备运维管理单位（部门）签发，也可由经设备运维管理单位（部门）审核合格且经批准的运行检修单位签发
6	运行检修单位的工作单（票）签发人、工作许可人和工作负责人名单应事先送有关设备运维管理单位（部门）备案
7	同一张工作单（票）中，工作单（票）签发人、工作许可人、工作负责人（监护人）不得兼任，且以上均不能为工作班成员。同一张工作单上，工作许可人、工作负责人（监护人）不得兼任

5. 填写作业指导书

序号	工作内容或要求
1	作业指导书应用黑色或蓝色的钢（水）笔或圆珠笔填写与签发
2	内容应正确，填写应清楚，不得任意涂改
3	如有个别错、漏字需要修改时，应使用规范的符号，字迹应清楚

（五）现场准备

1. 布置作业现场

序号	工作项目	工作内容或要求
1	使用工作围栏划分不同的功能区	（1）现场应使用工作围栏划分不同的功能区，功能区包括地面站操作区、无人机起降区、工器具摆放区等，各功能区应有明显区分。 （2）起降区周围应设安全围栏，禁止行人和其他无关人员逗留，特别是在起降过程中，需时刻注意保持与无关人员的安全距离

续表

序号	工作项目	工作内容或要求
2	选择合适的起降场地	（1）起降场地应为不小于 2m×2m 大小的平整地面； （2）巡检全过程中，起降场地与无人机应保持通视，保证遥控、通信质量良好； （3）起降场地周围应无高大建筑、线路、树木等障碍物或地下电缆等干扰源； （4）尽量避免将起降场地设在巡检线路或无人机飞行路径下方、交通繁忙道路及人口密集区附近。 注意事项：若起降区地面尘土、砂砾、树枝等杂物较多，应铺设帆布，防止无人机起飞时杂物卷入螺旋桨面或机体内造成意外
3	架设地面站（如需）	选定起降区后，在其附近的合适位置架设地面站，架设地面站时，通信天线应确保在巡检全过程中与无人机无遮挡，保持通信质量良好
4	布置现场	现场布置应保持整洁、有序，工器具放置整齐

2. 现场复勘

序号	工作内容或要求
1	作业前使用风速仪进行风力等级检测，风力大于 5 级及以上严禁开展巡检作业
2	如遇雷、雨、雪、大雨、冰雹等恶劣天气严禁作业
3	输电线路在跨越高速铁路两侧杆塔时，严禁无人机巡检作业

3. 作业分工

序号	工作人员	数量	作业分工
1	工作负责人	1 名	负责全面组织巡检工作开展，负责现场飞行安全
2	操控手	1 名	负责无人机起降操控、设备准备、检查、撤收
3	程控手	1 名	负责程控无人机飞行、遥测信息监测、设备准备、检查、航线规划、撤收
4	任务手	1 名	负责任务设备操作、现场环境观察、图传信息监测、设备准备、检查、撤收
5	地勤人员	1 名	负责针对无人机的保养护理，不直接参与无人机执行任务时的控制，协助工作负责人对无人机设备进行收纳和检查

（六）作业程序

1. 宣读工作单及安全注意事项

（1）危险点分析。

√	序号	工作危险点	责任人签字
	1	起飞前未充分检查设备的各连接部分是否正常，工作中可能发生故障引起危险	
	2	起飞前未充分检查设备的各电器控制部分是否正常，工作中可能发生故障引起危险	
	3	起飞平台地点选择不合理（地面坡度过大或地面有沙石），可能引起侧翻或损伤电机的危险	

续表

√	序号	工作危险点	责任人签字
	4	起飞前未充分检查起飞环境是否具备飞行条件，飞行中可能发生碰撞或信号干扰引起危险	
	5	起飞前未充分掌握当天天气情况是否具备飞行条件，在飞行过程中遇到影响作业的天气变化，可能导致飞行作业危险性增加	
	6	起飞前通信设备未检查，可能导致飞行中交流不畅引起危险	
	7	起飞前未检查无人机和地面控制系统等电池电量，可能因电量不足导致飞行失控引起危险	
	8	起飞前未检查地面站软件，可能因下行链路数据不正常引起危险	
	9	起飞前未校准遥控器，导致不能准确控制无人机可能引发危险	
	10	起飞前未校准磁力计，可能导致不能接收 GPS 信号而引发的危险	
	11	起飞前未检查照相和摄像设备的电量和储存卡的空间，可能因电量和储存卡的空间不足导致不能完成此次作业任务	
	12	飞行中飞控手未能准确判断无人机与带电体的最小安全距离，而引起放电危险	
	13	飞行中作业人员存在精神或体力疲劳现象，可能引起操作失误而发生危险	
	14	飞行中作业人员未能准确判断周围环境、障碍物等，可能使飞行发生危险	
	15	飞行中地面站控制人员未能及时向飞控手准确预报数据情况，飞控手可能因飞行数据判断不准而导致误操作引发危险	

（2）生产现场作业十不干、四不伤害。

序号	内　容	宣读确认	检查确认（√）
1	（1）无票的不干； （2）工作任务、危险点不清楚的不干； （3）危险点控制措施未落实的不干； （4）超出作业范围未经审批的不干； （5）未在接地保护范围内的不干； （6）现场安全措施布置不到位、安全工器具不合格的不干； （7）杆塔根部、基础和拉线不牢固的不干； （8）高处作业防坠落措施不完善的不干； （9）有限空间内气体含量未经检测或检测不合格的不干； （10）工作负责人（专责监护人）不在现场的不干		
2	（1）不伤害他人； （2）不伤害自己； （3）不被别人伤害； （4）保护他人不受伤害		

（3）安全措施。

√	序号	内　容	责任人签字
	1	起飞前要认真检查设备的机体及螺旋桨是否有破损及裂纹，以及其他各连接部分均正常后才能开机	
	2	起飞前要对各个电器控制部分进行试运行一次，确认无误后才能正式飞行	

续表

√	序号	内　容	责任人签字
	3	起飞平台尽量选择无坡度且开阔的地面过大，尽量保持地面无杂草、沙石等；在确无合适起飞场地时可使用帆布铺设一个临时起飞平台	
	4	起飞前应充分检查起飞场地周围的环境，要避开高大树木、建筑物和微波塔起飞	
	5	起飞前充分掌握天气情况，风力大于10m/s禁止飞行（新手可控的风速在4m/s左右），雨天禁止飞行	
	6	起飞前要检查通信设备联络畅通（对讲机、耳麦等）	
	7	起飞前要检查无人机和地面控制系统等电池电量，电量要保证能完成此次作业任务	
	8	起飞前应开机确认地面站与遥控器和无人机的数据传输均正常才能飞行	
	9	起飞前应检查遥控手遥控器的各个控制杆杆量显示是否正常，如有问题应及时校准遥控器	
	10	起飞前检查GPS信号接收是否正常，如有问题应及时校准磁力计	
	11	起飞前检查照相和摄像设备的电量和储存卡的空间，其电量和储存卡的空间应保证能完成此次作业任务	
	12	飞行中飞控手要密切关注无人机的姿态应与带电体保持的最小安全距离，特殊作业时可增设辅助监视人员	
	13	飞行中作业人员要保证有良好的精神状态	
	14	飞行中作业人员要准确判断无人机与周围环境、障碍物的距离且要留有一定的避险余地	
	15	飞行中地面站控制人员要及时向飞控手报地面站上的各项数据，如数据超标要及时提醒飞控手	

2. 操作步骤及内容

√	序号	作业内容	作业步骤及标准	安全措施注意事项	责任人签字
	1	无人机检查	机体检查	任何部件都没有出现裂缝	
			各连接部分检查	设备没有松脱的零件	
			螺旋桨检查	螺旋桨没有折断或者损坏	
	2	起飞前环境选择	起飞平台选择	无人机放置在平坦的地面，保证机体平稳，起飞地点尽量避免有沙石、纸屑等杂物	
			起飞风速检测	飞行时风速应不大于10m/s	
			起飞地点与障碍物的控制	无人机起飞点离障碍物的距离应保持在20m以上	
			起飞点信号干扰控制	对GPS信号和磁力计不存在干扰，保证GPS的卫星颗数不少于12颗	
	3	起飞前电量检查	无人机动力电池电量	用电池电量显示仪对电池进行测试，无人机电池显示参数符合起飞要求	
			遥控器供电	每次飞行时一定要把遥控器电池充满电，保证不会因为电量的原因导致遥控器无法控制无人机；遥控器的频率必须无人机接的频率一致	

续表

√	序号	作业内容	作业步骤及标准	安全措施注意事项	责任人签字
	3	起飞前电量检查	地面站供电	携带足够的设备电池，保证地面站电脑的电池能满足该次作业的要求，不要出现在飞行过程中地面站电脑电量不足而关机的情况	
	4	抛绳器及抛绳设备电量检查	（1）检查抛绳器动作是否灵活、可靠； （2）检查电池电量是否充足	（1）抛绳器动作灵活、可靠； （2）电池电量充足	
	5	带绳起飞	（1）将绳索端部挂在抛绳器上； （2）双摇杆外八字下拉到底，电机启动，无人机进入起飞状态； （3）将油门轻推至70%左右无人机便可以起飞	（1）启动螺旋桨后，观察各螺旋桨的工作状态是否正常； （2）飞起后先低空（10m左右）悬停，观察无人机的姿态是否稳定以及地面站的各项数据是否正常； （3）注意在飞行过程中，切不可将摇杆同时外八字下拉到底	
	6	起飞后的控制	要经常关注电量	地面站控制人员密切关注电量，一定要保证无人机有足够的电量返回着陆，当电池电压低40%须返航	
			避免在军事设施或者其他大功率辐射源附近飞行	大功率辐射源可能会对无人机GPS信号干扰导致GPS定位精度不够影响飞行，也可能会因信号频率相进对遥控器与无人机的信号接收造成干扰	
			尽量与障碍物保持一定的安全距离	保持足够的安全距离，才能避免因突发的阵风或GPS定位精度不稳定致使无人机大幅度偏移造成事故	
			飞行中的杆量控制	飞行中的杆量控制一定要柔和，不允许出现弹杆的情况，因为弹杆操作容易导致无人机电机转速忽高忽低，影响飞行稳定性	
	7	无人机下降	无人机到达抛绳位置上方后，无人机下降	保证无人机和带电体的安全距离	
	8	抛绳	操作抛绳装置将绳索抛下	抛绳下方不可有人逗留或经过	
	9	返回地面	返航时杆量应柔和	飞控手不允许使用直接大杆量减油门的方式降落，避免因下洗效应造成坠机。在降高时应采用左右横移同时降低高度的方式降落，也可以采用转圈的方式降落	
			降至一定高度时应保证无人机的姿态	当无人机高度降到10m左右时要保持无人机在飞控手的正前方以便于控制，同时杆量应柔和，让无人机匀速下降	
			着陆要果断	无人机因地效的缘故在快要接地时会出现姿态不稳的现象（类似回弹的现象），此时应果断减油门使其降落	
	10	工作终结汇报	（1）确认所拍视频和照片符合作业任务要求。 （2）清理现场及工具，工作负责人全面检查工作完成情况，清点人数，无误后，宣布工作结束，撤离施工现场	—	

人员确认签字：

（七）现场作业结束

工作单终结

序号	工作内容或要求
1	工作终结后，工作负责人应及时报告工作许可人，报告方法可采用：当面报告、电话报告
2	编制工作终结报告，包括下列内容：工作负责人姓名、工作班组名称、工作任务（说明线路名称、巡检飞行的起止杆塔号等）已经结束，无人机巡检系统已经回收，工作终结
3	已终结的工作单（票）应保存一年

（八）标准化作业指导书执行情况评估

<table>
<tr><td rowspan="4">评估内容</td><td rowspan="2">符合性</td><td>优</td><td></td><td>可操作项</td><td></td></tr>
<tr><td>良</td><td></td><td>不可操作项</td><td></td></tr>
<tr><td rowspan="2">可操作性</td><td>优</td><td></td><td>修改项</td><td></td></tr>
<tr><td>良</td><td></td><td>遗漏项</td><td></td></tr>
<tr><td>存在问题</td><td colspan="5"></td></tr>
<tr><td>改进意见</td><td colspan="5"></td></tr>
</table>

（九）设备入库

序号	工作内容或要求
1	当天巡检作业结束后，应按所用无人机巡检要求进行检查和维护工作，对外观及关键零部件进行检查
2	当天巡检作业结束后，应清理现场，核对设备和工器具清单，确认现场无遗漏
3	当天巡检作业结束后，应将电池取出，并按要求进行保管
4	对于无人机自主巡检作业，应对作业航线进行检查、分析，若有调整应及时更新航线数据库中对应信息
5	库房管理人员依据归还清单上所列的名称、数量、型号进行核对、清点，并检查好设备的质量，做到数量、规格准确无误，质量完好无损，配套齐全，经检查合格后，领用人在签收单上签字后，方可入库

（十）班后会及工作总结

序号	工作内容或要求
1	对无人机精细化巡检影像资料及数据进行归档整理
2	对无人机红外测温影像资料进行归档和分析，存在温度异常及时上报
3	填写班后会记录
4	对工作单（票）进行审核及归档、备查

七、多旋翼无人机输电线路施工质量验收

（一）适用范围

本指导书适用于 220kV 及以上输电线路无人机输电线路施工质量验收作业。

（二）引用文件

GB/T 18037—2000　带电作业工具基本技术要求与设计导则

GB/T 14286—2002　带电作业工具设备术语

DL/T 1482　架空输电线路无人机巡检作业技术导则

Q/GDW 11399　架空输电线路无人机巡检作业安全工作规程

（三）术语及定义

无人机输电线路施工质量验收作业通常利用无人机视角广、无盲区的优点对绝缘子、导线、智能断路器等新增设备各个角度进行全方位的拍照。通过无人机的图传系统对传回的画面进行仔细检查，切实把控施工质量，有效提高验收质量，减轻人员重复登杆验收劳动强度，降低作业风险，安全、高效地完成验收工作。

（四）班前会及作业前准备

1. 现场勘察

（1）应确认作业现场天气情况是否满足作业条件，雾、雪、大雨、冰雹、风力大于 10m/s 等恶劣天气不宜作业。

（2）应确认线路周围地形地貌，是山地、丘陵、城镇还是乡村等。

（3）应确认作业现场空域情况。

① 禁飞区。由国家划设的，未按照国家有关规则经特别批准，任何航空器不得飞入的空间。

② 管控区域。为维护空中交通秩序、保障空中交通安全和国家安全，按照国家有关法规划设，对航空器在空间内活动应遵守的规则、方式和时间等进行了规定和限制的区域。民用航空的空中管制区包括塔台管制区、进近管制区和区域管制区等，此外还包括但不限于以下区域：

序号	区域	定　义
1	空中禁区	由国家划设的，未按照国家有关规则经特别批准，任何航空器不得飞入的空间
2	空中限制区	由管制部门划设的，在规定时限内，未经管制部门许可的航空器禁止飞入的空间
3	空中危险区	由管制部门划设，供对空射击或者发射使用的，在规定时限内，禁止无关航空器飞入的空间

③ 空域申请。

序号	工作项目	工作内容或要求
1	遵守政策法规	无人机巡检作业应严格按国家相关政策法规、当地民航军管等要求规范化使用空域
2	确认飞行作业区域	工作任务签发前应确认飞行作业区域是否处于空中管制区：未经空中交通管制批准，不得在管制空域内飞行
3	办理空域审批手续	作业执行单位应根据无人机巡检作业计划，按相关要求办理空域审批手续，并密切跟踪当地空域变化情况
4	注意事项	实际飞行巡检范围不应超过批复的空域

（4）核对线路双重称号。

① 每条线路都应有双重名称；

② 经核对停电检修线路的双重名称无误，验明线路确已停电并挂好地线后，工作负责人方可宣布开始工作；

③ 在该段线路上工作，登杆塔时要核对停电检修线路的双重名称无误，并设专人监护以防误登有电线路杆塔。

2. 无人机系统配置清单

√	序号	名称	型号/规格	单位	数量	备注

续表

√	序号	名称	型号/规格	单位	数量	备注

3. 出库检查

序号	情况分类	工作内容或要求
1	若无问题	设备出库时，领用人员需当场确认无人机及配件的规格型号和数量，并检查外观及质量，核实无误后在领用单上签字确认
2	若有问题	领用人及时更换完好的无人机或配件，核实无误后在领用单上签字确认

4. 办理工作票（单）

序号	工作内容或要求
1	工作票（单）由工作负责人或工作票签发人填写，工作单由工作负责人填写
2	工作票（单）应用黑色或蓝色的钢（水）笔或圆珠笔填写与签发，内容应正确，填写应清楚，不得任意涂改。如有个别错、漏字需要修改时，应使用规范的符号，字迹应清楚
3	工作票（单）一式两份，应提前分别交给工作负责人和工作许可人
4	用计算机生成或打印的工作票（单）应使用统一的票面格式。工作票应由工作票签发人审核无误，并手工或电子签名后方可执行
5	工作票由设备运维管理单位（部门）签发，也可由经设备运维管理单位（部门）审核合格且经批准的运行检修单位签发
6	运行检修单位的工作票签发人、工作许可人和工作负责人名单应事先送有关设备运维管理单位（部门）备案
7	同一张工作票中，工作票签发人、工作许可人、工作负责人（监护人）不得兼任，且以上均不能为工作班成员。同一张工作单上，工作许可人、工作负责人（监护人）不得兼任

5. 填写作业指导书

序号	工作内容或要求
1	作业指导书应用黑色或蓝色的钢（水）笔或圆珠笔填写与签发
2	内容应正确，填写应清楚，不得任意涂改
3	如有个别错、漏字需要修改时，应使用规范的符号，字迹应清楚

（五）现场准备

1. 现场复勘

序号	工作内容或要求
1	作业前使用风速仪进行风力等级检测，风力大于 5 级及以上严禁开展巡检作业
2	如遇雷、雨、雪、大雨、冰雹等恶劣天气严禁作业
3	输电线路在跨越高速铁路两侧杆塔时，严禁无人机巡检作业

2. 布置作业现场

序号	工作项目	工作内容或要求
1	使用工作围栏划分不同的功能区	（1）现场应使用工作围栏划分不同的功能区，功能区包括地面站操作区、无人机起降区、工器具摆放区等，各功能区应有明显区分。 （2）起降区周围应设安全围栏，禁止行人和其他无关人员逗留，特别是在起降过程中，需时刻注意保持与无关人员的安全距离
2	选择合适的起降场地	（1）起降场地应为不小于 2m×2m 大小的平整地面； （2）巡检全过程中，起降场地与无人机应保持通视，保证遥控、通信质量良好； （3）起降场地周围应无高大建筑、线路、树木等障碍物或地下电缆等干扰源； （4）尽量避免将起降场地设在巡检线路或无人机飞行路径下方、交通繁忙道路及人口密集区附近。 注意事项：若起降区地面尘土、砂砾、树枝等杂物较多，应铺设帆布，防止无人机起飞时杂物卷入螺旋桨面或机体内造成意外
3	架设地面站（如需）	选定起降区后，在其附近的合适位置架设地面站，架设地面站时，通信天线应确保在巡检全过程中与无人机无遮挡，保持通信质量良好
4	布置现场	现场布置应保持整洁、有序，工器具放置整齐

3. 作业分工

序号	工作人员	数量	作业分工
1	工作负责人	1 名	负责全面组织巡检工作开展，负责现场飞行安全
2	操控手	1 名	负责无人机起降操控、设备准备、检查、撤收
3	程控手	1 名	负责程控无人机飞行、遥测信息监测、设备准备、检查、航线规划、撤收
4	任务手	1 名	负责任务设备操作、现场环境观察、图传信息监测、设备准备、检查、撤收
5	地勤人员	1 名	负责针对无人机的保养护理，不直接参与无人机执行任务时的控制，协助工作负责人对无人机设备进行收纳和检查

（六）作业程序

1. 宣读工作票及安全注意事项

（1）危险点分析。

√	序号	工作危险点	责任人签字
	1	起飞前未充分检查设备的各连接部分是否正常，工作中可能发生故障引起危险	
	2	起飞前未充分检查设备的各电器控制部分是否正常，工作中可能发生故障引起危险	
	3	起飞平台地点选择不合理（地面坡度过大或地面有沙石），可能引起侧翻或损伤电机的危险	
	4	起飞前未充分检查起飞环境是否具备飞行条件，飞行中可能发生碰撞或信号干扰引起危险	
	5	起飞前未充分掌握当天天气情况是否具备飞行条件，在飞行过程中遇到影响作业的天气变化，可能导致飞行作业危险性增加	
	6	起飞前通信设备未检查，可能导致飞行中交流不畅引起危险	
	7	起飞前未检查无人机和地面控制系统等电池电量，可能因电量不足导致飞行失控引起危险	
	8	起飞前未检查地面站软件，可能因下行链路数据不正常引起危险	
	9	起飞前未校准遥控器，导致不能准确控制无人机可能引发危险	
	10	起飞前未校准磁力计，可能导致不能接收 GPS 信号而引发的危险	
	11	起飞前未检查照相和摄像设备的电量和储存卡的空间，可能因电量和储存卡的空间不足导致不能完成此次作业任务	
	12	飞行中飞控手未能准确判断无人机与带电体的最小安全距离，而引起放电危险	
	13	飞行中作业人员存在精神或体力疲劳现象，可能引起操作失误而发生危险	
	14	飞行中作业人员未能准确判断周围环境、障碍物等，可能使飞行发生危险	
	15	飞行中地面站控制人员未能及时向飞控手准确预报数据情况，飞控手可能因飞行数据判断不准而导致误操作引发危险	

（2）生产现场作业十不干、四不伤害。

序号	内　容	宣读确认	检查确认（√）
1	（1）无票的不干； （2）工作任务、危险点不清楚的不干； （3）危险点控制措施未落实的不干； （4）超出作业范围未经审批的不干； （5）未在接地保护范围内的不干； （6）现场安全措施布置不到位、安全工器具不合格的不干； （7）杆塔根部、基础和拉线不牢固的不干； （8）高处作业防坠落措施不完善的不干； （9）有限空间内气体含量未经检测或检测不合格的不干； （10）工作负责人（专责监护人）不在现场的不干		
2	（1）不伤害他人； （2）不伤害自己； （3）不被别人伤害； （4）保护他人不受伤害		

（3）安全措施。

√	序号	内　　容	责任人签字
	1	起飞前要认真检查设备的机体及螺旋桨是否有破损及裂纹，以及其他各连接部分均正常后才能开机	
	2	起飞前要对各个电器控制部分进行试运行一次，确认无误后才能正式飞行	
	3	起飞平台尽量选择无坡度且开阔的地面过大，尽量保持地面无杂草、沙石等；在确无合适起飞场地时可使用帆布铺设一个临时起飞平台	
	4	起飞前应充分检查起飞场地周围的环境，要避开高大树木、建筑物和微波塔起飞	
	5	起飞前充分掌握天气情况，风力大于 10m/s 禁止飞行（新手可控的风速在 4m/s 左右），雨天禁止飞行	
	6	起飞前要检查通信设备联络畅通（对讲机、耳麦等）	
	7	起飞前要检查无人机和地面控制系统等电池电量，电量要保证能完成此次作业任务	
	8	起飞前应开机确认地面站与遥控器和无人机的数据传输均正常才能飞行	
	9	起飞前应检查遥控器的各个控制杆杆量显示是否正常，如有问题应及时校准遥控器	
	10	起飞前检查 GPS 信号接收是否正常，如有问题应及时校准磁力计	
	11	起飞前检查照相和摄像设备的电量和储存卡的空间，其电量和储存卡的空间应保证能完成此次作业任务	
	12	飞行中飞控手要密切关注无人机的姿态应与带电体保持的最小安全距离，特殊作业时可增设辅助监视人员	
	13	飞行中作业人员要保证有良好的精神状态	
	14	飞行中作业人员要准确判断无人机与周围环境、障碍物的距离且要留有一定的避险余地	
	15	飞行中地面站控制人员要及时向飞控手报地面站上的各项数据，如数据超标要及时提醒飞控手	

2. 操作步骤及内容

√	序号	作业内容	作业步骤及标准	安全措施注意事项	责任人签字
	1	无人机检查	机体检查	任何部件都没有出现裂缝	
			各连接部分检查	设备没有松脱的零件	
			螺旋桨检查	螺旋桨没有折断或者损坏	
	2	起飞前环境选择	起飞平台选择	无人机放置在平坦的地面，保证机体平稳，起飞地点尽量避免有沙石、纸屑等杂物	
			起飞风速检测	飞行时风速应不大于 10m/s	
			起飞地点与障碍物的控制	无人机起飞点离障碍物的距离应保持在 20m 以上	
			起飞点信号干扰控制	对 GPS 信号和磁力计不存在干扰，保证 GPS 的卫星颗数不少于 12 颗	
	3	起飞前电量检查	无人机动力电池电量	用电池电量显示仪对电池进行测试，无人机电池显示参数符合起飞要求	
			遥控器供电	每次飞行时一定要把遥控器电池充满电，保证不会因为电量的原因导致遥控器无法控制无人机；遥控器的频率必须无人机接的频率一致	

续表

√	序号	作业内容	作业步骤及标准	安全措施注意事项	责任人签字
	3	起飞前电量检查	地面站供电	携带足够的设备电池，保证地面站电脑的电池能满足该次作业的要求，不要出现在飞行过程中地面站电脑电量不足而关机的情况	
	4	起飞	（1）双摇杆外八字下拉到底，电机启动，无人机进入起飞状态； （2）然后将油门轻推至70%左右无人机便可以起飞	（1）启动螺旋桨后，观察各螺旋桨的工作状态是否正常； （2）飞起后先低空（10m左右）悬停，观察无人机的姿态是否稳定以及地面站的各项数据是否正常； （3）注意在飞行过程中，切不可将摇杆同时外八字下拉到底	
	5	对施工安装的新设备，均拍照进行验收	控制与带电导线的安全距离	无人机应与带电体保持安全距离，在有风的情况下可根据风速加大安全距离的裕度	
			控制云台与被拍摄物的夹角	根据作业任务的需求，拍摄位置的不同，视情况调整机身或云台与被拍摄物保持最佳的角度来完成作业任务	
	6	返回地面	返航时杆量应柔和	飞控手不允许使用直接大杆量减油门的方式降落，避免因下洗效应造成坠机。在降高时应采用左右横移同时降低高度的方式降落，也可以采用转圈的方式降落	
			降至一定高度时应保证无人机的姿态	当无人机高度降到10m左右时要保持无人机在飞控手的正前方以便于控制，同时杆量应柔和，让无人机匀速下降	
			着陆要果断	无人机因地效的缘故在快要接地时会出现姿态不稳的现象（类似回弹的现象），此时应果断减油门使其降落	
	7	工作终结汇报	（1）确认所拍视频和照片符合作业任务要求。 （2）清理现场及工具，工作负责人全面检查工作完成情况，清点人数，无误后，宣布工作结束，撤离施工现场	—	

人员确认签字：

（七）现场作业结束

工作票终结

序号	工作内容或要求
1	工作终结后，工作负责人应及时报告工作许可人，报告方法可采用：当面报告、电话报告
2	编制工作终结报告，包括下列内容：工作负责人姓名、工作班组名称、工作任务（说明线路名称、巡检飞行的起止杆塔号等）已经结束，无人机巡检系统已经回收，工作终结
3	已终结的工作票（单）应保存一年

（八）标准化作业指导书执行情况评估

评估内容	符合性	优		可操作项	
		良		不可操作项	
	可操作性	优		修改项	
		良		遗漏项	
存在问题					
改进意见					

（九）设备入库

序号	工作内容或要求
1	当天巡检作业结束后，应按所用无人机巡检要求进行检查和维护工作，对外观及关键零部件进行检查
2	当天巡检作业结束后，应清理现场，核对设备和工器具清单，确认现场无遗漏
3	当天巡检作业结束后，应将电池取出，并按要求进行保管
4	对于无人机自主巡检作业，应对作业航线进行检查、分析，若有调整应及时更新航线数据库中对应信息
5	库房管理人员依据归还清单上所列的名称、数量、型号进行核对、清点，并检查好设备的质量，做到数量、规格准确无误，质量完好无损，配套齐全，经检查合格后，领用人在签收单上签字后，方可入库

（十）班后会及工作总结

序号	工作内容或要求
1	对巡检杆塔的数量、巡检照片的数量进行审核，对发现的缺陷进行命名，并按照无人机缺陷管理规定进行统计和上报
2	对无人机精细化巡检影像资料及数据进行归档整理
3	对无人机红外测温影像资料进行归档和分析，存在温度异常及时上报
4	填写班后会记录
5	对工作票进行审核及归档、备查

八、多旋翼无人机机巢变电站作业

（一）适用范围

本指导书适用于220kV及以上变电站无人机机巢作业。

（二）规范性引用文件

GB/T 18037—2000　带电作业工具基本技术要求与设计导则

GB/T 14286—2002　带电作业工具设备术语

（三）术语名词

无人机机巢是无人机远程精准起降平台，是无人机稳固的“家”，能够抵抗强风和暴雨等恶劣天气，机巢与智慧巡检机群作业控制中心互联互通，实现自动储存无人机、智能自动充电、状态实时监控、自动传输数据。

多架无人机自主巡检是指利用物联网、人工智能、大数据分析、云计算等前沿技术，通过逻辑指令一键实现多架无人机同时自动开展巡检的一项多机多任务协同作业的创新实践。无需遥控器操控，巡检人员在地面操作台发出启动指令后，多架无人机便可分别按照预先设定的路线和任务自主起飞、自主巡检、自主返航降落，对输电线路进行360°无死角精益化巡检，全程无需人工干预。

（四）班前会及作业前准备

1. 现场勘察

（1）应确认作业现场天气情况是否满足作业条件。

（2）雾、雪、大雨、冰雹、风力大于10m/s等恶劣天气不宜作业。

（3）应确认线路周围地形地貌，是山地、丘陵、城镇还是乡村等。

（4）应确认作业现场空域情况。

① 禁飞区。由国家划设的，未按照国家有关规则经特别批准，任何航空器不得飞入的空间。

② 管控区域。为维护空中交通秩序、保障空中交通安全和国家安全，按照国家有关法规划设，对航空器在空间内活动应遵守的规则、方式和时间等进行了规定和限制的区域。民用航空的空中管制区包括塔台管制区、进近管制区和区域管制区等，此外还包括但不限于以下区域：

序号	区域	定　义
1	空中禁区	由国家划设的，未按照国家有关规则经特别批准，任何航空器不得飞入的空间
2	空中限制区	由管制部门划设的，在规定时限内，未经管制部门许可的航空器禁止飞入的空间
3	空中危险区	由管制部门划设，供对空射击或者发射使用的，在规定时限内，禁止无关航空器飞入的空间

③ 空域申请。

序号	工作项目	工作内容或要求
1	遵守政策法规	无人机巡检作业应严格按国家相关政策法规、当地民航军管等要求规范化使用空域
2	确认飞行作业区域	工作任务签发前应确认飞行作业区域是否处于空中管制区：未经空中交通管制批准，不得在管制空域内飞行
3	办理空域审批手续	作业执行单位应根据无人机巡检作业计划，按相关要求办理空域审批手续，并密切跟踪当地空域变化情况
4	注意事项	实际飞行巡检范围不应超过批复的空域

（5）应确认巡检线路图。

序号	工作项目	工作内容或要求
1	确认巡检情况	确认巡检作业线路杆塔的类型、坐标及高度、线路周围地形地貌和周边交叉跨越情况
2	绘制航线	应根据巡检线路的杆塔坐标、塔高等技术参数，结合线路途经区域地图和现场勘察情况绘制航线，制定巡检方式、起降位置及安全策略
3	规划航线	航线规划应避开空中管制区、重要建筑和设施，尽量避开人员活动密集区、通信阻隔区、无线电干扰区、大风或切变风多发区和森林防火区等地区。对首次进行无人机巡检作业的线段，航线规划时应留有充足裕量，与以上区域保持足够的安全距离

续表

序号	工作项目	工作内容或要求
4	资料查阅	（1）巡检前，作业人员应明确无人机巡检作业流程： 开始 → 巡检计划制订 → 工作票（工单）办理 → 出库检查 → 现场勘察/交底 → 作业现场布置 → 飞行前检查 → 无人机起飞 → 巡检飞行 → 返航降落 → 航后揽收 → 设备入库 → 工作票（工单）终结 → 数据分析 → 资料归档 → 结束 （2）根据巡检任务进行资料查阅，查阅巡检线路台账及卫星地图等资料，掌握杆塔等巡检设备型号参数、坐标高度及巡检线路周围地形地貌和周边交叉跨越情况

2. 无人机系统的配置清单

√	序号	名称	型号/规格	单位	数量	备注

3. 仪器仪表及工器具

序号	名称	单位	数量
1	安全帽	顶	
2	望远镜	台	
3	对讲机	台	
4	激光测距仪	台	
5	风速风向仪	台	
6	安全帽	顶	

4. 出库检查

序号	情况分类	工作内容或要求
1	若无问题	设备出库时，领用人员需当场确认无人机及配件的规格型号和数量，并检查外观及质量，核实无误后在领用单上签字确认
2	若有问题	领用人及时更换完好的无人机或配件，核实无误后在领用单上签字确认

5. 工作人员组成

组成	能力要求	职责分工
工作负责人	工作负责人负责全面组织巡检工作开展，负责现场飞行安全	
地勤人员	负责针对无人机的保养护理，不直接参与无人机执行任务时的控制	

6. 办理工作单（票）

序号	工作内容或要求
1	工作单（票）由工作负责人或工作单（票）签发人填写，工作单由工作负责人填写
2	工作单（票）应用黑色或蓝色的钢（水）笔或圆珠笔填写与签发，内容应正确，填写应清楚，不得任意涂改。如有个别错、漏字需要修改时，应使用规范的符号，字迹应清楚
3	工作单（票）一式两份，应提前分别交给工作负责人和工作许可人
4	用计算机生成或打印的工作单（票）应使用统一的票面格式。工作单（票）应由工作单（票）签发人审核无误，并手工或电子签名后方可执行
5	工作单（票）由设备运维管理单位（部门）签发，也可由经设备运维管理单位（部门）审核合格且经批准的运行检修单位签发
6	运行检修单位的工作单（票）签发人、工作许可人和工作负责人名单应事先送有关设备运维管理单位（部门）备案

7. 填写作业指导书

序号	工作内容或要求
1	作业指导书应用黑色或蓝色的钢（水）笔或圆珠笔填写与签发
2	内容应正确，填写应清楚，不得任意涂改
3	如有个别错、漏字需要修改时，应使用规范的符号，字迹应清楚

（五）前期准备

1. 现场勘察

序号	工作内容或要求
1	应确认作业现场天气情况是否满足作业条件，雾、雪、大雨、冰雹、风力大于 10m/s 等恶劣天气不宜作业
2	应确认线路周围地形地貌，是山地、丘陵、城镇还是乡村等
3	应确认作业现场空域情况

2. 实体点云建模

序号	情况分类	工作内容或要求
1	从原始地貌提取初始数据	天星系列多镜头倾斜摄影测量系统具有多视角高清影像采集、成本低、机动灵活等优点，是卫星遥感与无人机航空遥感的有力补充。 当多镜头倾斜摄影无人机飞行到适当高度以后，机载的倾斜摄影系统从多个视角向地面航摄，航拍路线采用重叠率 60%～80%（由地面高度决定）沿某一方向来回往返，呈带状按次序逐步覆盖全部场地，实现对地形逻辑有序的全覆盖航摄
2	初始数据转化为 3D 模型	Smart 3D 处理软件对带有经纬度、海拔高度、拍摄姿态（角度）等 POS 信息的影像资料能处理成三维模型数据
3	实景 3D 模型土方工程量计算技术路线	在无人机进行航空摄影获取航测数据的基础上，运用 Smart 3D 软件进行空三加密等处理生成实景 3D 模型，进而可以在 Smart 3D 软件上选定任意位置，运用绘制轮廓与设置标高、坡度的方式自行绘制地坪草图，推演划定其位置的土方工程量

3. 自主航线规划

序号	工作内容或要求
1	确认巡检作业线路杆塔的类型、坐标及高度、线路周围地形地貌和周边交叉跨越情况
2	应根据巡检线路的杆塔坐标、塔高等技术参数，结合线路途经区域地图和现场勘察情况绘制航线，制定巡检方式、起降位置及安全策略
3	航线规划应避开空中管制区、重要建筑和设施，尽量避开人员活动密集区、通信阻隔区、无线电干扰区、大风或切变风多发区和森林防火区等地区。对首次进行无人机巡检作业的线段，航线规划时应留有充足裕量，与以上区域保持足够的安全距离

4. 航线校核

序号	工作内容或要求
1	令无人机在地块边界点上停留，并以所述作业控制点为基准，定位无人机，并获取边界点实际坐标
2	将所述边界点参考坐标和所述边界点实际坐标作差分处理得到差分结果
3	根据的差分结果，修正无人机航线的坐标数据，重新规划航线
4	重新规划的航线飞行过程中，以所述作业控制点为基准，定位无人机

5. 应急处置方案

序号	工作内容或要求
1	巡检作业区域出现雷雨、大风等可能影响作业的突变天气时，应立即采取措施控制无人机返航或就近降落
2	自主飞行过程中，出现卫星导航信号差时，应始终密切关注无人机飞行航迹。若出现航迹偏移较大或不满足巡检质量要求时，应立即人工接管，并及时返航降落
3	无人机飞行期间若通信链路中断超过 2min，并在预计时间内仍未返航，应根据掌握的无人机最后地理坐标位置开展搜寻工作

（六）作业程序

1. 宣读工作单（票）及安全注意事项（进行三交代）

（1）生产现场作业十不干、四不伤害。

序号	内　　容	宣读确认	检查确认（√）
1	（1）无票的不干； （2）工作任务、危险点不清楚的不干； （3）危险点控制措施未落实的不干； （4）超出作业范围未经审批的不干； （5）未在接地保护范围内的不干； （6）现场安全措施布置不到位、安全工器具不合格的不干； （7）杆塔根部、基础和拉线不牢固的不干； （8）高处作业防坠落措施不完善的不干； （9）有限空间内气体含量未经检测或检测不合格的不干； （10）工作负责人（专责监护人）不在现场的不干		
2	（1）不伤害他人； （2）不伤害自己； （3）不被别人伤害； （4）保护他人不受伤害		

（2）危险点分析。

√	序号	工作危险点	责任人签字
	1	起飞前未充分检查设备的各连接部分是否正常，工作中可能发生故障引起危险	
	2	起飞前未充分检查设备的各电器控制部分是否正常，工作中可能发生故障引起危险	
	3	起飞平台地点选择不合理（地面坡度过大或地面有沙石），可能引起侧翻或损伤电机的危险	
	4	起飞前未充分检查起飞环境是否具备飞行条件，飞行中可能发生碰撞或信号干扰引起危险	
	5	起飞前未充分掌握当天天气情况是否具备飞行条件，在飞行过程中遇到影响作业的天气变化，可能导致飞行作业危险性增加	
	6	起飞前通信设备未检查，可能导致飞行中交流不畅引起危险	
	7	起飞前未检查无人机和地面控制系统等电池电量，可能因电量不足导致飞行失控引起危险	
	8	起飞前未检查地面站软件，可能因下行链路数据不正常引起危险	
	9	起飞前未校准遥控器，导致不能准确控制无人机可能引发危险	
	10	起飞前未校准磁力计，可能导致不能接收 GPS 信号而引发的危险	
	11	起飞前未检查照相和摄像设备的电量和储存卡的空间，可能因电量和储存卡的空间不足导致不能完成此次作业任务	
	12	飞行中飞控手未能准确判断无人机与带电体的最小安全距离，而引起放电危险	
	13	飞行中作业人员存在精神或体力疲劳现象，可能引起操作失误而发生危险	
	14	飞行中作业人员未能准确判断周围环境、障碍物等，可能使飞行发生危险	
	15	飞行中地面站控制人员未能及时向飞控手准确预报数据情况，飞控手可能因飞行数据判断不准而导致误操作引发危险	

（3）安全措施。

√	序号	内　容	责任人签字
	1	起飞前要认真检查设备的机体及螺旋桨是否有破损及裂纹，以及其他各连接部分均正常后才能开机	
	2	起飞前要对各个电器控制部分进行试运行一次，确认无误后才能正式飞行	
	3	起飞平台尽量选择无坡度且开阔的地面过大，尽量保持地面无杂草、沙石等；在确无合适起飞场地时可使用帆布铺设一个临时起飞平台	
	4	起飞前应充分检查起飞场地周围的环境，要避开高大树木、建筑物和微波塔起飞	
	5	起飞前充分掌握天气情况，风力大于 10m/s 禁止飞行（新手可控的风速在 4m/s 左右），雨天禁止飞行	
	6	起飞前要检查通信设备联络畅通（对讲机、耳麦等）	
	7	起飞前要检查无人机和地面控制系统等电池电量，电量要保证能完成此次作业任务	
	8	起飞前应开机确认地面站与遥控器和无人机的数据传输均正常才能飞行	
	9	起飞前应检查遥控器的各个控制杆杆量显示是否正常，如有问题应及时校准遥控器	
	10	起飞前检查 GPS 信号接收是否正常，如有问题应及时校准磁力计	
	11	起飞前检查照相和摄像设备的电量和储存卡的空间，其电量和储存卡的空间应保证能完成此次作业任务	
	12	飞行中飞控手要密切关注无人机的姿态应与带电体保持的最小安全距离，特殊作业时可增设辅助监视人员	
	13	飞行中作业人员要保证有良好的精神状态	
	14	飞行中作业人员要准确判断无人机与周围环境、障碍物的距离且要留有一定的避险余地	
	15	飞行中地面站控制人员要及时向飞控手报地面站上的各项数据，如数据超标要及时提醒飞控手	

2. 操作步骤及内容

√	序号	作业内容	作业步骤及标准	安全措施注意事项	责任人签字
	1	开工	测温前的准备工作	（1）作业负责人全面检查现场安全措施是否完备； （2）作业负责人向工作人员交待作业任务、安全措施和注意事项、明确作业范围	
	2	调试测温仪器	（1）开启测温仪器电源开关，预热设备至图像稳定； （2）设置仪器参数，调节环境温度、辐射率、测温范围等参数	（1）热像系统的初始温度量程宜设置在环境温度加10～20K的温升范围内进行检测； （2）作为一般检测，被测设备的辐射率一般取 0.9 左右	
	3	开展测温工作	（1）全面扫描，取下仪器镜头盖；将机器的镜头对准要观察的设备，调节至合适焦距扫描设备。 （2）异常拍摄，针对全面扫描中温度异常的设备进行红外图谱的拍摄；记录环境温度、异常设备温度和负荷电流等数据	在保证安全距离的条件下尽可能从多角度近距离拍摄异常设备的红外图谱	

续表

√	序号	作业内容	作业步骤及标准	安全措施注意事项	责任人签字
	4	常规可见光拍照	（1）控制与带电导线的安全距离。 （2）控制云台与被拍摄物的夹角	（1）无人机应与带电体保持一定安全距离，在有风的情况下可根据风速加大安全距离的余度； （2）根据作业任务的需求，拍摄位置的不同，视情况调整机身或云台与被拍摄物保持最佳的角度来完成作业任务	
	5	测温结束后工作	（1）把缺陷分析情况汇报给值班长和相关人员； （2）通知检修人员进行精确测温，判别缺陷性质并按缺陷流程处理	缺陷诊断判据	
	6	工作终结	（1）确认所拍视频和照片符合作业任务要求。 （2）清理现场及工具，工作负责人全面检查工作完成情况，清点人数，无误后，宣布工作结束，撤离施工现场	—	

人员确认签字：

（七）现场作业结束

工作单（票）终结

序号	工作内容或要求
1	工作终结后，工作负责人应及时报告工作许可人，报告方法可采用：当面报告、电话报告
2	编制工作终结报告，包括下列内容：工作负责人姓名、工作班组名称、工作任务（说明线路名称、巡检飞行的起止杆塔号等）已经结束，无人机巡检系统已经回收，工作终结
3	已终结的工作单（票）应保存一年

（八）标准化作业指导书执行情况评估

<table>
<tr><td rowspan="4">评估内容</td><td rowspan="2">符合性</td><td>优</td><td></td><td>可操作项</td><td></td></tr>
<tr><td>良</td><td></td><td>不可操作项</td><td></td></tr>
<tr><td rowspan="2">可操作性</td><td>优</td><td></td><td>修改项</td><td></td></tr>
<tr><td>良</td><td></td><td>遗漏项</td><td></td></tr>
<tr><td>存在问题</td><td colspan="5"></td></tr>
<tr><td>改进意见</td><td colspan="5"></td></tr>
</table>

（九）设备入库

序号	工作内容或要求
1	当天巡检作业结束后，应按所用无人机巡检系统要求进行检查和维护工作，对外观及关键零部件进行检查
2	当天巡检作业结束后，应清理现场，核对设备和工器具清单，确认现场无遗漏
3	对于油动力无人机巡检系统，应将油箱内剩余油品抽出，对于电动力无人机巡检系统，应将电池取出。取出的油品和电池应按要求保管
4	对于无人机自主巡检作业，应对作业航线进行检查、分析，若有调整应及时更新航线数据库中对应信息

（十）班后会及工作总结

序号	工作内容或要求
1	每次巡检作业结束后，应填写无人机巡检系统使用记录单，记录无人机巡检作业情况及无人机当前状态等信息
2	设备运维单位应建立无人机自主巡检航线库并及时更新。无人机自主巡检作业后，应根据巡检结果对自主巡检航线进行校核修正，并将经实飞校核无误的无人机自主巡检航线入库更新
3	设备运维单位应建立健全线路资料信息，包括：线路走向和走势、交叉跨越情况、杆塔坐标、周边地形地貌等，并核实无误
4	设备运维单位应提前掌握线路周边重要建筑和设施、人员活动密集区、空中管制区、无线电干扰区、通信阻隔区、大风或切变风多发区、森林防火区和无人区等的分布情况，提前建立各型无人机巡检作业适航区档案，包括正常作业区、备选起飞和降落区档案
5	无人机自主巡检影像资料及数据归档
6	无人机红外测温归档

九、多旋翼无人机喷火清障作业

（一）适用范围

本指导书适用于220kV及以上输电线路多旋翼无人机喷火清障作业。

（二）规范性引用文件

GB/T 18037—2000　带电作业工具基本技术要求与设计导则

GB/T 14286—2002　带电作业工具设备术语

DL/T 741—2019　架空输电线路运行规程

DL/T 1578　架空电力线路多旋翼无人机巡检系统

DL/T 1482　架空输电线路无人机巡检作业技术导则

Q/GDW 11399　架空输电线路无人机巡检作业安全工作规程

（三）班前会及作业前准备

（四）术语及定义

无人机喷火清障作业通过无人机的遥控飞行功能，并结合喷火枪的喷火性能来处理异物。由技术人员在地面位置控制飞行器，使其飞至异物附近，之后通过遥控点火来燃烧异物，进而实现处理异物的效果。

1. 现场勘察

（1）雾、雪、大雨、冰雹、风力大于10m/s等恶劣天气不宜作业。

（2）应确认作业现场天气情况是否满足作业条件。

（3）应确认线路周围地形地貌，是山地、丘陵、城镇还是乡村等。

（4）应确认作业现场空域情况。

① 禁飞区。由国家划设的，未按照国家有关规则经特别批准，任何航空器不得飞入的空间。

② 管控区域。为维护空中交通秩序、保障空中交通安全和国家安全，按照国家有关法规划设，对航空器在空间内活动应遵守的规则、方式和时间等进行了规定和限制的区域。民用航空的空中管制区包括塔台管制区、进近管制区和区域管制区等，此外还包括但不限于以下区域：

序号	区域	定　义
1	空中禁区	由国家划设的，未按照国家有关规则经特别批准，任何航空器不得飞入的空间
2	空中限制区	由管制部门划设的，在规定时限内，未经管制部门许可的航空器禁止飞入的空间
3	空中危险区	由管制部门划设，供对空射击或者发射使用的，在规定时限内，禁止无关航空器飞入的空间

③ 空域申请。

序号	工作项目	工作内容或要求
1	遵守政策法规	无人机巡检作业应严格按国家相关政策法规、当地民航军管等要求规范化使用空域
2	确认飞行作业区域	工作任务签发前应确认飞行作业区域是否处于空中管制区：未经空中交通管制批准，不得在管制空域内飞行
3	办理空域审批手续	作业执行单位应根据无人机巡检作业计划，按相关要求办理空域审批手续，并密切跟踪当地空域变化情况
4	注意事项	实际飞行巡检范围不应超过批复的空域

（5）作业现场情况。

2. 无人机喷火系统配置清单

√	序号	名称	型号/规格	单位	数量	备注

3. 出库检查

序号	情况分类	工作内容或要求
1	若无问题	设备出库时，领用人员需当场确认无人机及配件的规格型号和数量，并检查外观及质量，核实无误后在领用单上签字确认
2	若有问题	领用人及时更换完好的无人机或配件，核实无误后在领用单上签字确认

4. 办理工作单（票）

序号	工作内容或要求
1	工作单（票）由工作负责人或工作单（票）签发人填写，工作单由工作负责人填写
2	工作单（票）应用黑色或蓝色的钢（水）笔或圆珠笔填写与签发，内容应正确，填写应清楚，不得任意涂改。如有个别错、漏字需要修改时，应使用规范的符号，字迹应清楚
3	工作单（票）一式两份，应提前分别交给工作负责人和工作许可人
4	用计算机生成或打印的工作单（票）应使用统一的票面格式。工作单（票）应由工作单（票）签发人审核无误，并手工或电子签名后方可执行
5	工作单（票）由设备运维管理单位（部门）签发，也可由经设备运维管理单位（部门）审核合格且经批准的运行检修单位签发
6	运行检修单位的工作单（票）签发人、工作许可人和工作负责人名单应事先送有关设备运维管理单 位（部门）备案
7	同一张工作单（票）中，工作单（票）签发人、工作许可人、工作负责人（监护人）不得兼任，且以上均不能为工作班成员。同一张工作单上，工作许可人、工作负责人（监护人）不得兼任

5. 填写作业指导书

序号	工作内容或要求
1	作业指导书应用黑色或蓝色的钢（水）笔或圆珠笔填写与签发
2	内容应正确，填写应清楚，不得任意涂改
3	如有个别错、漏字需要修改时，应使用规范的符号，字迹应清楚

（五）现场准备

1. 现场复勘

序号	工作内容或要求
1	作业前使用风速仪进行风力等级检测，风力大于 5 级及以上严禁开展巡检作业
2	如遇雷、雨、雪、大雨、冰雹等恶劣天气严禁作业
3	输电线路在跨越高速铁路两侧杆塔时，严禁无人机巡检作业

2. 布置作业现场

序号	工作项目	工作内容或要求
1	使用工作围栏划分不同的功能区	（1）现场应使用工作围栏划分不同的功能区，功能区包括地面站操作区、无人机起降区、工器具摆放区等，各功能区应有明显区分。 （2）起降区周围应设安全围栏，禁止行人和其他无关人员逗留，特别是在起降过程中，需时刻注意保持与无关人员的安全距离
2	选择合适的起降场地	（1）起降场地应为不小于 2m×2m 大小的平整地面； （2）巡检全过程中，起降场地与无人机应保持通视，保证遥控、通信质量良好； （3）起降场地周围应无高大建筑、线路、树木等障碍或地下电缆等干扰源； （4）尽量避免将起降场地设在巡检线路或无人机飞行路径下方、交通繁忙道路及人口密集区附近。 注意事项：若起降区地面尘土、砂砾、树枝等杂物较多，应铺设帆布，防止无人机起飞时杂物卷入螺旋桨面或机体内造成意外
3	架设地面站（如需）	选定起降区后，在其附近的合适位置架设地面站，架设地面站时，通信天线应确保在巡检全过程中与无人机无遮挡，保持通信质量良好
4	布置现场	现场布置应保持整洁、有序，工器具放置整齐

3. 作业分工

序号	工作人员	数量	作业分工
1	工作负责人	1 名	负责全面组织喷火清障工作开展，负责现场飞行安全
2	操控手	1 名	负责无人机起降操控、设备准备、检查、撤收
3	程控手	1 名	负责程控无人机飞行、遥测信息监测、设备准备、检查、航线规划、撤收
4	任务手	1 名	负责喷火装置（系统）操作、现场环境观察、图传信息监测、设备准备、检查、撤收
5	地勤人员	1 名	负责针对无人机的保养护理，不直接参与无人机执行任务时的控制，协助工作负责人对无人机设备进行收纳和检查

（六）作业程序

1. 宣读工作单（票）及安全注意事项

（1）危险点分析。

√	序号	工作危险点	责任人签字
	1	起飞前未充分检查设备的各连接部分是否正常，工作中可能发生故障引起危险	
	2	起飞前未充分检查设备的各电器控制部分是否正常，工作中可能发生故障引起危险	
	3	起飞平台地点选择不合理（地面坡度过大或地面有沙石），可能引起侧翻或损伤电机的危险	
	4	起飞前未充分检查起飞环境是否具备飞行条件，飞行中可能发生碰撞或信号干扰引起危险	
	5	起飞前未充分掌握当天天气情况是否具备飞行条件，在飞行过程中遇到影响作业的天气变化，可能导致飞行作业危险性增加	
	6	起飞前通信设备未检查，可能导致飞行中交流不畅引起危险	
	7	起飞前未检查无人机和地面控制系统等电池电量，可能因电量不足导致飞行失控引起危险	
	8	起飞前未检查地面站软件，可能因下行链路数据不正常引起危险	
	9	起飞前未校准遥控器，导致不能准确控制无人机可能引发危险	
	10	起飞前未校准磁力计，可能导致不能接收 GPS 信号而引发的危险	
	11	起飞前未检查照相和摄像设备的电量和储存卡的空间，可能因电量和储存卡的空间不足导致不能完成此次作业任务	
	12	飞行中飞控手未能准确判断无人机与带电体的最小安全距离，而引起放电危险	
	13	飞行中作业人员存在精神或体力疲劳现象，可能引起操作失误而发生危险	
	14	飞行中作业人员未能准确判断周围环境、障碍物等，可能使飞行发生危险	
	15	飞行中地面站控制人员未能及时向飞控手准确预报数据情况，飞控手可能因飞行数据判断不准而导致误操作引发危险	

（2）生产现场作业十不干、四不伤害。

序号	内　容	宣读确认	检查确认（√）
1	（1）无票的不干； （2）工作任务、危险点不清楚的不干； （3）危险点控制措施未落实的不干； （4）超出作业范围未经审批的不干； （5）未在接地保护范围内的不干； （6）现场安全措施布置不到位、安全工器具不合格的不干； （7）杆塔根部、基础和拉线不牢固的不干； （8）高处作业防坠落措施不完善的不干； （9）有限空间内气体含量未经检测或检测不合格的不干； （10）工作负责人（专责监护人）不在现场的不干		
2	（1）不伤害他人； （2）不伤害自己； （3）不被别人伤害； （4）保护他人不受伤害		

（3）安全措施。

√	序号	内　容	责任人签字
	1	起飞前要认真检查设备的机体及螺旋桨是否有破损及裂纹，以及其他各连接部分均正常后才能开机	
	2	起飞前要对各个电器控制部分进行试运行一次，确认无误后才能正式飞行	
	3	起飞平台尽量选择无坡度且开阔的地面过大，尽量保持地面无杂草、沙石等；在确无合适起飞场地时可使用帆布铺设一个临时起飞平台	
	4	起飞前应充分检查起飞场地周围的环境，要避开高大树木、建筑物和微波塔起飞	
	5	起飞前充分掌握天气情况，风力大于 10m/s 禁止飞行（新手可控的风速在 4m/s 左右），雨天禁止飞行	
	6	起飞前要检查通信设备联络畅通（对讲机、耳麦等）	
	7	起飞前要检查无人机和地面控制系统等电池电量，电量要保证能完成此次作业任务	
	8	起飞前应开机确认地面站与遥控器和无人机的数据传输均正常才能飞行	
	9	起飞前应检查遥控器的各个控制杆杆量显示是否正常，如有问题应及时校准遥控器	
	10	起飞前检查 GPS 信号接收是否正常，如有问题应及时校准磁力计	
	11	起飞前检查照相和摄像设备的电量和储存卡的空间，其电量和储存卡的空间应保证能完成此次作业任务	
	12	飞行中飞控手要密切关注无人机的姿态应与带电体保持的最小安全距离，特殊作业时可增设辅助监视人员	
	13	飞行中作业人员要保证有良好的精神状态	
	14	飞行中作业人员要准确判断无人机与周围环境、障碍物的距离且要留有一定的避险余地	
	15	飞行中地面站控制人员要及时向飞控手报地面站上的各项数据，如数据超标要及时提醒飞控手	

2. 操作步骤及内容

√	序号	作业内容	作业步骤及标准	安全措施注意事项	责任人签字
	1	无人机检查	机体检查	任何部件都没有出现裂缝	
			各连接部分检查	设备没有松脱的零件	
			螺旋桨检查	螺旋桨没有折断或者损坏	
	2	起飞前环境选择	起飞平台选择	无人机放置在平坦的地面，保证机体平稳，起飞地点尽量避免有沙石、纸屑等杂物	
			起飞风速检测	飞行时风速应不大于 8m/s	
			起飞地点与障碍物的控制	无人机起飞点离障碍物的距离应保持在 20m 以上	
			起飞点信号干扰控制	对 GPS 信号和磁力计不存在干扰，保证 GPS 的卫星颗数不少于 12 颗	
	3	起飞前电量检查	无人机动力电池电量	用电池电量显示仪对电池进行测试，无人机电池显示参数符合起飞要求	

续表

√	序号	作业内容	作业步骤及标准	安全措施注意事项	责任人签字
	3	起飞前电量检查	遥控器供电	每次飞行时一定要把遥控器电池充满电，保证不会因为电量的原因导致遥控器无法控制无人机；遥控器的频率必须无人机接的频率一致	
			地面站供电	携带足够的设备电池，保证地面站电脑的电池能满足该次作业的要求，不要出现在飞行过程中地面站电脑电量不足而关机的情况	
	4	喷火装置检查	运行喷火实验	喷火装置无异常	
	5	起飞	（1）双摇杆外八字下拉到底，电机启动，无人机进入起飞状态； （2）然后将油门轻推至 70% 左右无人机便可以起飞	（1）启动螺旋桨后，观察各螺旋桨的工作状态是否正常； （2）飞起后先低空（10m 左右）悬停，观察无人机的姿态是否稳定以及地面站的各项数据是否正常； （3）注意在飞行过程中，切不可将摇杆同时外八字下拉到底	
	6	起飞后消缺	对准障碍物进行喷火清除，带障碍物清除后停止作业	不得对易燃物进行喷火，喷火范围内不得有人，做好消防准备	
	7	返回地面	返航时杆量应柔和	飞控手不允许使用直接大杆量减油门的方式降落，避免因下洗效应造成坠机。在降高时应采用左右横移同时降低高度的方式降落，也可以采用转圈的方式降落	
			降至一定高度时应保证无人机的姿态	当无人机高度降到10m左右时要保持无人机在飞控手的正前方以便于控制，同时杆量应柔和，让无人机匀速下降	
			着陆要果断	无人机因地效的缘故在快要接地时会出现姿态不稳的现象（类似回弹的现象），此时应果断减油门使其降落	
	8	作业结束	关闭喷火装置	待喷火装置冷却后方可进行触碰	
	9	工作终结汇报	（1）确认所拍视频和照片符合作业任务要求。 （2）清理现场及工具，工作负责人全面检查工作完成情况，清点人数，无误后，宣布工作结束，撤离施工现场	—	

人员确认签字：

（七）现场作业结束

工作单（票）终结

序号	工作内容或要求
1	工作终结后，工作负责人应及时报告工作许可人，报告方法可采用：当面报告、电话报告
2	编制工作终结报告，包括下列内容：工作负责人姓名、工作班组名称、工作任务（说明线路名称、巡检飞行的起止杆塔号等）已经结束，无人机巡检系统已经回收，工作终结
3	已终结的工作单（票）应保存一年

（八）标准化作业指导书执行情况评估

评估内容	符合性	优		可操作项	
		良		不可操作项	
	可操作性	优		修改项	
		良		遗漏项	
存在问题					
改进意见					

（九）设备入库

序号	工作内容或要求
1	当天巡检作业结束后，应按所用无人机巡检要求进行检查和维护工作，对外观及关键零部件进行检查
2	当天巡检作业结束后，应清理现场，核对设备和工器具清单，确认现场无遗漏
3	当天巡检作业结束后，应将电池取出，并按要求进行保管
4	对于无人机喷火清障作业，应对作业航线进行检查、分析，若有调整应及时更新航线数据库中对应信息
5	库房管理人员依据归还清单上所列的名称、数量、型号进行核对、清点，并检查好设备的质量，做到数量、规格准确无误，质量完好无损，配套齐全，经检查合格后，领用人在签收单上签字后，方可入库

（十）班后会及工作总结

序号	工作内容或要求
1	对发现的缺陷进行命名，并按照无人机缺陷管理规定进行统计和上报
2	填写班后会记录
3	对工作单（票）进行审核及归档、备查

十、多旋翼无人机灭火作业

（一）适用范围

本指导书适用于 220kV 及以上输电线路多旋翼无人机灭火作业。

（二）引用文件

GB/T 18037—2000　带电作业工具基本技术要求与设计导则

GB/T 14286—2002　带电作业工具设备术语

DL/T 741—2019　架空输电线路运行规程

DL/T 1578　架空电力线路多旋翼无人机巡检系统

DL/T 1482　架空输电线路无人机巡检作业技术导则

Q/GDW 11399　架空输电线路无人机巡检作业安全工作规程

（三）术语及定义

无人机灭火作业通常是采用无人机平台搭载灭火弹等装置对输电线路设备或通道环境进行灭火，或者采用无人机对输电线路环境火场进行侦查监测等。

（四）班前会及作业前准备

1. 现场勘察

（1）应确认作业现场天气情况是否满足作业条件。

（2）雾、雪、大雨、冰雹、风力大于 10m/s 等恶劣天气不宜作业。

（3）应确认线路周围地形地貌，是山地、丘陵、城镇，还是乡村等。

（4）应确认作业现场空域情况。

① 禁飞区。由国家划设的，未按照国家有关规则经特别批准，任何航空器不得飞入的空间。

② 管控区域。为维护空中交通秩序、保障空中交通安全和国家安全，按照国家有关法规划设，对航空器在空间内活动应遵守的规则、方式和时间等进行了规定和限制的区域。民用航空的空中管制区包括塔台管制区、进近管制区和区域管制区等，此外还包括但不限于以下区域：

序号	区域	定　义
1	空中禁区	由国家划设的，未按照国家有关规则经特别批准，任何航空器不得飞入的空间
2	空中限制区	由管制部门划设的，在规定时限内，未经管制部门许可的航空器禁止飞入的空间
3	空中危险区	由管制部门划设，供对空射击或者发射使用的，在规定时限内，禁止无关航空器飞入的空间

③ 空域申请。

序号	工作项目	工作内容或要求
1	遵守政策法规	无人机巡检作业应严格按国家相关政策法规、当地民航军管等要求规范化使用空域
2	确认飞行作业区域	工作任务签发前应确认飞行作业区域是否处于空中管制区：未经空中交通管制批准，不得在管制空域内飞行
3	办理空域审批手续	作业执行单位应根据无人机巡检作业计划，按相关要求办理空域审批手续，并密切跟踪当地空域变化情况
4	注意事项	实际飞行巡检范围不应超过批复的空域

（5）缺陷情况。

2. 无人机灭火系统配置清单

√	序号	名称	型号/规格	单位	数量	备注

3. 出库检查

序号	情况分类	工作内容或要求
1	若无问题	设备出库时，领用人员需当场确认无人机及配件的规格型号和数量，并检查外观及质量，核实无误后在领用单上签字确认
2	若有问题	领用人及时更换完好的无人机或配件，核实无误后在领用单上签字确认

4. 办理工作单（票）

序号	工作内容或要求
1	工作单（票）由工作负责人或工作单（票）签发人填写，工作单由工作负责人填写
2	工作单（票）应用黑色或蓝色的钢（水）笔或圆珠笔填写与签发，内容应正确，填写应清楚，不得任意涂改。如有个别错、漏字需要修改时，应使用规范的符号，字迹应清楚
3	工作单（票）一式两份，应提前分别交给工作负责人和工作许可人
4	用计算机生成或打印的工作单（票）应使用统一的票面格式。工作单（票）应由工作单（票）签发人审核无误，并手工或电子签名后方可执行
5	工作单（票）由设备运维管理单位（部门）签发，也可由经设备运维管理单位（部门）审核合格且经批准的运行检修单位签发
6	运行检修单位的工作单（票）签发人、工作许可人和工作负责人名单应事先送有关设备运维管理单位（部门）备案
7	同一张工作单（票）中，工作单（票）签发人、工作许可人、工作负责人（监护人）不得兼任，且以上均不能为工作班成员。同一张工作单上，工作许可人、工作负责人（监护人）不得兼任

5. 填写作业指导书

序号	工作内容或要求
1	作业指导书应用黑色或蓝色的钢（水）笔或圆珠笔填写与签发
2	内容应正确，填写应清楚，不得任意涂改
3	如有个别错、漏字需要修改时，应使用规范的符号，字迹应清楚

（五）现场准备

1. 现场复勘

序号	工作内容或要求
1	作业前使用风速仪进行风力等级检测，风力大于 5 级及以上严禁开展巡检作业
2	如遇雷、雨、雪、大雨、冰雹等恶劣天气严禁作业
3	输电线路在跨越高速铁路两侧杆塔时，严禁无人机巡检作业

2. 布置作业现场

序号	工作项目	工作内容或要求
1	使用工作围栏划分不同的功能区	（1）现场应使用工作围栏划分不同的功能区，功能区包括地面站操作区、无人机起降区、工器具摆放区等，各功能区应有明显区分。 （2）起降区周围应设安全围栏，禁止行人和其他无关人员逗留，特别是在起降过程中，需时刻注意保持与无关人员的安全距离
2	选择合适的起降场地	（1）起降场地应为不小于 2m×2m 大小的平整地面； （2）巡检全过程中，起降场地与无人机应保持通视，保证遥控、通信质量良好； （3）起降场地周围应无高大建筑、线路、树木等障碍或地下电缆等干扰源； （4）尽量避免将起降场地设在巡检线路或无人机飞行路径下方、交通繁忙道路及人口密集区附近。 注意事项：若起降区地面尘土、砂砾、树枝等杂物较多，应铺设帆布，防止无人机起飞时杂物卷入螺旋桨面或机体内造成意外
3	架设地面站	选定起降区后，在其附近的合适位置架设地面站，架设地面站时，通信天线应确保在巡检全过程中与无人机无遮挡，保持通信质量良好
4	布置现场	现场布置应保持整洁、有序，工器具放置整齐

3. 作业分工

序号	工作人员	数量	作业分工
1	工作负责人	1 名	负责全面组织灭火工作开展，负责现场飞行安全
2	操控手	1 名	负责无人机起降操控、设备准备、检查、撤收
3	程控手	1 名	负责程控无人机飞行、遥测信息监测、设备准备、检查、航线规划、撤收
4	任务手	1 名	负责任务设备操作、现场环境观察、图传信息监测、设备准备、检查、撤收
5	地勤人员	1 名	负责针对无人机的保养护理，不直接参与无人机执行任务时的控制，协助工作负责人对无人机设备进行收纳和检查

（六）作业程序

1. 宣读工作单（票）及安全注意事项

（1）危险点分析。

√	序号	工作危险点	责任人签字
	1	起飞前未充分检查设备的各连接部分是否正常，工作中可能发生故障引起危险	
	2	起飞前未充分检查设备的各电器控制部分是否正常，工作中可能发生故障引起危险	
	3	起飞平台地点选择不合理（地面坡度过大或地面有沙石），可能引起侧翻或损伤电机的危险	
	4	起飞前未充分检查起飞环境是否具备飞行条件，飞行中可能发生碰撞或信号干扰引起危险	
	5	起飞前未充分掌握当天天气情况是否具备飞行条件，在飞行过程中遇到影响作业的天气变化，可能导致飞行作业危险性增加	
	6	起飞前通信设备未检查，可能导致飞行中交流不畅引起危险	
	7	起飞前未检查无人机和地面控制系统等电池电量，可能因电量不足导致飞行失控引起危险	
	8	起飞前未检查地面站软件，可能因下行链路数据不正常引起危险	
	9	起飞前未校准遥控器，导致不能准确控制无人机可能引发危险	
	10	起飞前未校准磁力计，可能导致不能接收 GPS 信号而引发的危险	
	11	起飞前未检查照相和摄像设备的电量和储存卡的空间，可能因电量和储存卡的空间不足导致不能完成此次作业任务	
	12	飞行中飞控手未能准确判断无人机与带电体的最小安全距离，而引起放电危险	
	13	飞行中作业人员存在精神或体力疲劳现象，可能引起操作失误而发生危险	
	14	飞行中作业人员未能准确判断周围环境、障碍物等，可能使飞行发生危险	
	15	飞行中地面站控制人员未能及时向飞控手准确预报数据情况，飞控手可能因飞行数据判断不准而导致误操作引发危险	

（2）生产现场作业十不干、四不伤害。

序号	内　容	宣读确认	检查确认（√）
1	（1）无票的不干； （2）工作任务、危险点不清楚的不干； （3）危险点控制措施未落实的不干； （4）超出作业范围未经审批的不干； （5）未在接地保护范围内的不干； （6）现场安全措施布置不到位、安全工器具不合格的不干； （7）杆塔根部、基础和拉线不牢固的不干； （8）高处作业防坠落措施不完善的不干； （9）有限空间内气体含量未经检测或检测不合格的不干； （10）工作负责人（专责监护人）不在现场的不干		
2	（1）不伤害他人； （2）不伤害自己； （3）不被别人伤害； （4）保护他人不受伤害		

（3）安全措施。

√	序号	内容	责任人签字
	1	起飞前要认真检查设备的机体及螺旋桨是否有破损及裂纹，以及其他各连接部分均正常后才能开机	
	2	起飞前要对各个电器控制部分进行试运行一次，确认无误后才能正式飞行	
	3	起飞平台尽量选择无坡度且开阔的地面过大，尽量保持地面无杂草、沙石等；在确无合适起飞场地时可使用帆布铺设一个临时起飞平台	
	4	起飞前应充分检查起飞场地周围的环境，要避开高大树木、建筑物和微波塔起飞	
	5	起飞前充分掌握天气情况，风力大于 10m/s 禁止飞行（新手可控的风速在 4m/s 左右），雨天禁止飞行	
	6	起飞前要检查通信设备联络畅通（对讲机、耳麦等）	
	7	起飞前要检查无人机和地面控制系统等电池电量，电量要保证能完成此次作业任务	
	8	起飞前应开机确认地面站与遥控器和无人机的数据传输均正常才能飞行	
	9	起飞前应检查遥控器的各个控制杆杆量显示是否正常，如有问题应及时校准遥控器	
	10	起飞前检查 GPS 信号接收是否正常，如有问题应及时校准磁力计	
	11	起飞前检查照相和摄像设备的电量和储存卡的空间，其电量和储存卡的空间应保证能完成此次作业任务	
	12	飞行中飞控手要密切关注无人机的姿态应与带电体保持的最小安全距离，特殊作业时可增设辅助监视人员	
	13	飞行中作业人员要保证有良好的精神状态	
	14	飞行中作业人员要准确判断无人机与周围环境、障碍物的距离且要留有一定的避险余地	
	15	飞行中地面站控制人员要及时向飞控手报地面站上的各项数据，如数据超标要及时提醒飞控手	

2. 操作步骤及内容

√	序号	作业内容	作业步骤及标准	安全措施注意事项	责任人签字
	1	无人机检查	机体检查	任何部件都没有出现裂缝	
			各连接部分检查	设备没有松脱的零件	
			螺旋桨检查	螺旋桨没有折断或者损坏	
	2	起飞前环境选择	起飞平台选择	无人机放置在平坦的地面，保证机体平稳，起飞地点尽量避免有沙石、纸屑等杂物	
			起飞风速检测	飞行时风速应不大于 8m/s	
			起飞地点与障碍物的控制	无人机起飞点离障碍物的距离应保持在 20m 以上	
			起飞点信号干扰控制	对 GPS 信号和磁力计不存在干扰，保证 GPS 的卫星颗数不少于 12 颗	

续表

√	序号	作业内容	作业步骤及标准	安全措施注意事项	责任人签字
	3	起飞前电量检查	无人机动力电池电量	用电池电量显示仪对电池进行测试，无人机电池显示参数符合起飞要求	
			遥控器供电	每次飞行时一定要把遥控器电池充满电，保证不会因为电量的原因导致遥控器无法控制无人机；遥控器的频率必须无人机接的频率一致	
			地面站供电	携带足够的设备电池，保证地面站电脑的电池能满足该次作业的要求，不要出现在飞行过程中地面站电脑电量不足而关机的情况	
	4	灭火弹外观检查	检查灭火弹外观有无破损	灭火弹外观无破损	
	5	灭火弹投放架装置检查	检查灭火弹投放架装置动作是否准确可靠	灭火弹投放架装置动作准确可靠	
	6	起飞	（1）双摇杆外八字下拉到底，电机启动，无人机进入起飞状态； （2）然后将油门轻推至70%左右无人机便可以起飞	（1）启动螺旋桨后，观察各螺旋桨的工作状态是否正常； （2）飞起后先低空（10m左右）悬停，观察无人机的姿态是否稳定以及地面站的各项数据是否正常； （3）注意在飞行过程中，切不可将摇杆同时外八字下拉到底	
	7	起飞后消缺	对准目标物进行投放操作	投放范围内不得有人	
	8	返回地面	返航时杆量应柔和	飞控手不允许使用直接大杆量减油门的方式降落，避免因下洗效应造成坠机。在降高时应采用左右横移同时降低高度的方式降落，也可以采用转圈的方式降落	
			降至一定高度时应保证无人机的姿态	当无人机高度降到10m左右时要保持无人机在飞控手的正前方以便于控制，同时杆量应柔和，让无人机匀速下降	
			着陆要果断	无人机因地效的缘故在快要接地时会出现姿态不稳的现象（类似回弹的现象），此时应果断减油门使其降落	
	9	作业结束	关闭电源和投放装置	确保电源和投放装置已关闭	
	10	工作终结汇报	（1）确认所拍视频和照片符合作业任务要求。 （2）清理现场及工具，工作负责人全面检查工作完成情况，清点人数，无误后，宣布工作结束，撤离施工现场	—	

人员确认签字：

（七）现场作业结束

工作单（票）终结

序号	工作内容或要求
1	工作终结后，工作负责人应及时报告工作许可人，报告方法可采用：当面报告、电话报告
2	编制工作终结报告，包括下列内容：工作负责人姓名、工作班组名称、工作任务（说明线路名称、巡检飞行的起止杆塔号等）已经结束，无人机巡检系统已经回收，工作终结
3	已终结的工作单（票）应保存一年

（八）标准化作业指导书执行情况评估

<table>
<tr><td rowspan="4">评估内容</td><td rowspan="2">符合性</td><td>优</td><td></td><td>可操作项</td><td></td></tr>
<tr><td>良</td><td></td><td>不可操作项</td><td></td></tr>
<tr><td rowspan="2">可操作性</td><td>优</td><td></td><td>修改项</td><td></td></tr>
<tr><td>良</td><td></td><td>遗漏项</td><td></td></tr>
<tr><td>存在问题</td><td colspan="5"></td></tr>
<tr><td>改进意见</td><td colspan="5"></td></tr>
</table>

（九）设备入库

序号	工作内容或要求
1	当天巡检作业结束后，应按所用无人机巡检要求进行检查和维护工作，对外观及关键零部件进行检查
2	当天巡检作业结束后，应清理现场，核对设备和工器具清单，确认现场无遗漏
3	当天巡检作业结束后，应将电池取出，并按要求进行保管
4	对于无人机灭火作业，应对作业航线进行检查、分析，若有调整应及时更新航线数据库中对应信息
5	库房管理人员依据归还清单上所列的名称、数量、型号进行核对、清点，并检查好设备的质量，做到数量、规格准确无误，质量完好无损，配套齐全，经检查合格后，领用人在签收单上签字后，方可入库

（十）班后会及工作总结

序号	工作内容或要求
1	对发现的缺陷进行命名，并按照无人机缺陷管理规定进行统计和上报
2	填写班后会记录
3	对工作单（票）进行审核及归档、备查

十一、多旋翼无人机地质灾害勘察作业

（一）适用范围

本指导书适用于 220kV 及以上输电线路多旋翼无人机地质灾害勘察作业。

（二）引用文件

GB/T 18037—2000　带电作业工具基本技术要求与设计导则

GB/T 14286—2002　带电作业工具设备术语

DL/T 741—2019　架空输电线路运行规程

DL/T 1578　架空电力线路多旋翼无人机巡检系统

DL/T 1482　架空输电线路无人机巡检作业技术导则

Q/GDW 11399　架空输电线路无人机巡检作业安全工作规程

（三）术语及定义

地质灾害指在自然或者人为因素的作用下形成的，对人类生命财产造成损失、对环境造成破坏的地质作用或地质现象。它在时间和空间上的分布变化规律，既受制于自然环境，又与人类活动有关，往往是人类与自然界相互作用的结果。常见的地质灾害有滑坡、泥石流、地面塌陷等。

（四）班前会及作业前准备

1. 现场勘察

（1）应确认作业现场天气情况是否满足作业条件，雾、雪、大雨、冰雹、风力大于

10m/s 等恶劣天气不宜作业。

（2）应确认线路周围地形地貌，是山地、丘陵、城镇还是乡村等。

（3）应确认作业现场空域情况。

① 禁飞区。由国家划设的，未按照国家有关规则经特别批准，任何航空器不得飞入的空间。

② 管控区域。为维护空中交通秩序、保障空中交通安全和国家安全，按照国家有关法规划设，对航空器在空间内活动应遵守的规则、方式和时间等进行了规定和限制的区域。民用航空的空中管制区包括塔台管制区、进近管制区和区域管制区等，此外还包括但不限于以下区域：

序号	区域	定　义
1	空中禁区	由国家划设的，未按照国家有关规则经特别批准，任何航空器不得飞入的空间
2	空中限制区	由管制部门划设的，在规定时限内，未经管制部门许可的航空器禁止飞入的空间
3	空中危险区	由管制部门划设，供对空射击或者发射使用的，在规定时限内，禁止无关航空器飞入的空间

③ 空域申请。

序号	工作项目	工作内容或要求
1	遵守政策法规	无人机巡检作业应严格按国家相关政策法规、当地民航军管等要求规范化使用空域
2	确认飞行作业区域	工作任务签发前应确认飞行作业区域是否处于空中管制区：未经空中交通管制批准，不得在管制空域内飞行
3	办理空域审批手续	作业执行单位应根据无人机巡检作业计划，按相关要求办理空域审批手续，并密切跟踪当地空域变化情况
4	注意事项	实际飞行巡检范围不应超过批复的空域

2. 无人机地质灾害勘察系统配置清单

√	序号	名称	型号/规格	单位	数量	备注

3. 出库检查

序号	情况分类	工作内容或要求
1	若无问题	设备出库时，领用人员需当场确认无人机及配件的规格型号和数量，并检查外观及质量，核实无误后在领用单上签字确认
2	若有问题	领用人及时更换完好的无人机或配件，核实无误后在领用单上签字确认

4. 办理工作单（票）

序号	工作内容或要求
1	工作单（票）由工作负责人或工作单（票）签发人填写，工作单（票）由工作负责人填写
2	工作单（票）应用黑色或蓝色的钢（水）笔或圆珠笔填写与签发，内容应正确，填写应清楚，不得任意涂改。如有个别错、漏字需要修改时，应使用规范的符号，字迹应清楚
3	用计算机生成或打印的工作单（票）应使用统一的票面格式。工作单（票）应由工作单（票）签发人审核无误，并手工或电子签名后方可执行
4	工作单由设备运维管理单位（部门）签发，也可由经设备运维管理单位（部门）审核合格且经批准的运行检修单位签发
5	运行检修单位的工作单（票）签发人、工作许可人和工作负责人名单应事先送有关设备运维管理单位（部门）备案

5. 填写作业指导书

序号	工作内容或要求
1	作业指导书应用黑色或蓝色的钢（水）笔或圆珠笔填写与签发
2	内容应正确，填写应清楚，不得任意涂改
3	如有个别错、漏字需要修改时，应使用规范的符号，字迹应清楚

（五）现场准备

1. 现场复勘

序号	工作内容或要求
1	作业前使用风速仪进行风力等级检测，风力大于 5 级及以上严禁开展巡检作业
2	如遇雷、雨、雪、大雨、冰雹等恶劣天气严禁作业
3	输电线路在跨越高速铁路两侧杆塔时，严禁无人机巡检作业

2. 布置作业现场

序号	工作项目	工作内容或要求
1	使用工作围栏划分不同的功能区	（1）现场应使用工作围栏划分不同的功能区，功能区包括地面站操作区、无人机起降区、工器具摆放区等，各功能区应有明显区分。 （2）起降区周围应设安全围栏，禁止行人和其他无关人员逗留，特别是在起降过程中，需时刻注意保持与无关人员的安全距离

续表

序号	工作项目	工作内容或要求
2	选择合适的起降场地	（1）起降场地应为不小于 2m×2m 大小的平整地面； （2）巡检全过程中，起降场地与无人机应保持通视，保证遥控、通信质量良好； （3）起降场地周围应无高大建筑、线路、树木等障碍物或地下电缆等干扰源； （4）尽量避免将起降场地设在巡检线路或无人机飞行路径下方、交通繁忙道路及人口密集区附近。 注意事项：若起降区地面尘土、砂砾、树枝等杂物较多，应铺设帆布，防止无人机起飞时杂物卷入螺旋桨面或机体内造成意外
3	架设地面站（如需）	选定起降区后，在其附近的合适位置宜架设地面站，架设地面站时，通信天线应确保在巡检全过程中与无人机无遮挡，保持通信质量良好
4	布置现场	现场布置应保持整洁、有序，工器具放置整齐

3. 作业分工

序号	工作人员	数量	作业分工
1	工作负责人	1 名	负责全面组织勘察工作开展，负责现场飞行安全
2	操控手	1 名	负责无人机起降操控、设备准备、检查、撤收
3	程控手	1 名	负责程控无人机飞行、遥测信息监测、设备准备、检查、航线规划、撤收
4	任务手	1 名	负责任务设备操作、现场环境观察、图传信息监测、设备准备、检查、撤收
5	地勤人员	1 名	负责针对无人机的保养护理，不直接参与无人机执行任务时的控制，协助工作负责人对无人机设备进行收纳和检查

（六）作业程序

宣读工作单（票）及安全注意事项

（1）危险点分析。

√	序号	工作危险点	责任人签字
	1	起飞前未充分检查设备的各连接部分是否正常，工作中可能发生故障引起危险	
	2	起飞前未充分检查设备的各电器控制部分是否正常，工作中可能发生故障引起危险	
	3	起飞平台地点选择不合理（地面坡度过大或地面有沙石），可能引起侧翻或损伤电机的危险	
	4	起飞前未充分检查起飞环境是否具备飞行条件，飞行中可能发生碰撞或信号干扰引起危险	
	5	起飞前未充分掌握当天天气情况是否具备飞行条件，在飞行过程中遇到影响作业的天气变化，可能导致飞行作业危险性增加	
	6	起飞前通信设备未检查，可能导致飞行中交流不畅引起危险	
	7	起飞前未检查无人机和地面控制系统等电池电量，可能因电量不足导致飞行失控引起危险	
	8	起飞前未检查地面站软件，可能因下行链路数据不正常引起危险	

续表

√	序号	工作危险点	责任人签字
	9	起飞前未校准遥控器，导致不能准确控制无人机可能引发危险	
	10	起飞前未校准磁力计，可能导致不能接收 GPS 信号而引发的危险	
	11	起飞前未检查照相和摄像设备的电量和储存卡的空间，可能因电量和储存卡的空间不足导致不能完成此次作业任务	
	12	飞行中飞控手未能准确判断无人机与带电体的最小安全距离，而引起放电危险	
	13	飞行中作业人员存在精神或体力疲劳现象，可能引起操作失误而发生危险	
	14	飞行中作业人员未能准确判断周围环境、障碍物等，可能使飞行发生危险	
	15	飞行中地面站控制人员未能及时向飞控手准确预报数据情况，飞控手可能因飞行数据判断不准而导致误操作引发危险	

（2）生产现场作业十不干、四不伤害。

序号	内　　容	宣读确认	检查确认（√）
1	（1）无票的不干； （2）工作任务、危险点不清楚的不干； （3）危险点控制措施未落实的不干； （4）超出作业范围未经审批的不干； （5）未在接地保护范围内的不干； （6）现场安全措施布置不到位、安全工器具不合格的不干； （7）杆塔根部、基础和拉线不牢固的不干； （8）高处作业防坠落措施不完善的不干； （9）有限空间内气体含量未经检测或检测不合格的不干； （10）工作负责人（专责监护人）不在现场的不干		
2	（1）不伤害他人； （2）不伤害自己； （3）不被别人伤害； （4）保护他人不受伤害		

（3）安全措施。

√	序号	内　　容	责任人签字
	1	起飞前要认真检查设备的机体及螺旋桨是否有破损及裂纹，以及其他各连接部分均正常后才能开机	
	2	起飞前要对各个电器控制部分进行试运行一次，确认无误后才能正式飞行	
	3	起飞平台尽量选择无坡度且开阔的地面过大，尽量保持地面无杂草、沙石等；在确无合适起飞场地时可使用帆布铺设一个临时起飞平台	
	4	起飞前应充分检查起飞场地周围的环境，要避开高大树木、建筑物和微波塔起飞	
	5	起飞前充分掌握天气情况，风力大于 10m/s 禁止飞行（新手可控的风速在 4m/s 左右），雨天禁止飞行	
	6	起飞前要检查通信设备联络畅通（对讲机、耳麦等）	
	7	起飞前要检查无人机和地面控制系统等电池电量，电量要保证能完成此次作业任务	
	8	起飞前应开机确认地面站与遥控器和无人机的数据传输均正常才能飞行	

续表

√	序号	内　容	责任人签字
	9	起飞前应检查遥控器的各个控制杆杆量显示是否正常，如有问题应及时校准遥控器	
	10	起飞前检查GPS信号接收是否正常，如有问题应及时校准磁力计	
	11	起飞前检查照相和摄像设备的电量和储存卡的空间，其电量和储存卡的空间应保证能完成此次作业任务	
	12	飞行中飞控手要密切关注无人机的姿态应与带电体保持的最小安全距离，特殊作业时可增设辅助监视人员	
	13	飞行中作业人员要保证有良好的精神状态	
	14	飞行中作业人员要准确判断无人机与周围环境、障碍物的距离且要留有一定的避险余地	
	15	飞行中地面站控制人员要及时向飞控手报地面站上的各项数据，如数据超标要及时提醒飞控手	

（七）现场作业结束

1. 操作步骤及内容

√	序号	作业内容	作业步骤及标准	安全措施注意事项	责任人签字
	1	无人机检查	机体检查	任何部件都没有出现裂缝	
			各连接部分检查	设备没有松脱的零件	
			螺旋桨检查	螺旋桨没有折断或者损坏	
	2	起飞前环境检查	起飞平台选择	无人机放置在平坦的地面，保证机体平稳，起飞地点尽量避免有沙石、纸屑等杂物	
			起飞风速检测	飞行时风速应不大于8m/s	
			起飞地点与障碍物的控制	无人机起飞点离障碍物的距离应保持在20m以上	
			起飞点信号干扰控制	对GPS信号和磁力计不存在干扰，保证GPS的卫星颗数不少于12颗	
	3	起飞前电量检查	无人机动力电池电量	用电池电量显示仪对电池进行测试，无人机电池显示参数符合起飞要求	
			遥控器供电	每次飞行时一定要把遥控器电池充满电，保证不会因为电量的原因导致遥控器无法控制无人机；遥控器的频率必须与无人机频率一致	
			地面站供电	携带足够的设备电池，保证地面站电脑的电池能满足该次作业的要求，不要出现在飞行过程中地面站电脑电量不足而关机的情况	
	4	云台及相机检查	（1）检查云台是否灵活可靠； （2）检查相机拍摄是否正常清晰	（1）云台灵活可靠； （2）相机拍摄正常清晰	

续表

√	序号	作业内容	作业步骤及标准	安全措施注意事项	责任人签字
	5	起飞	（1）双摇杆外八字下拉到底，电机启动，无人机进入起飞状态； （2）将油门轻推至70%左右无人机便可以起飞	（1）启动螺旋桨后，观察各螺旋桨的工作状态是否正常； （2）飞起后先低空（10m 左右）悬停，观察无人机的姿态是否稳定以及地面站的各项数据是否正常； （3）注意在飞行过程中，切不可将摇杆同时外八字下拉到底	
	6	到达地质灾害点进行勘察拍摄	（1）控制与带电导线的安全距离； （2）控制云台与被拍摄物的夹角	（1）无人机应与带电体保持一定安全距离，在有风的情况下可根据风速加大安全距离的余度； （2）根据作业任务的需求，拍摄位置的不同，视情况调整机身或云台与被拍摄物保持最佳的角度来完成作业任务	
	7	返回地面	返航时杆量应柔和	飞控手不允许使用直接大杆量减油门的方式降落，避免因下洗效应造成坠机。在降高时应采用左右横移同时降低高度的方式降落，也可以采用转圈的方式降落	
			降至一定高度时应保证无人机的姿态	当无人机高度降到 10m 左右时要保持无人机在飞控手的正前方以便于控制，同时杆量应柔和，让无人机匀速下降	
			着陆要果断	无人机因地效的缘故在快要接地时会出现姿态不稳的现象（类似回弹的现象），此时应果断减油门使其降落	
	8	工作终结汇报	（1）确认所拍视频和照片符合作业任务要求。 （2）清理现场及工具，工作负责人全面检查工作完成情况，清点人数，无误后，宣布工作结束，撤离施工现场	—	

人员确认签字：

2. 工作单（票）终结

序号	工作内容或要求
1	工作终结后，工作负责人应及时报告工作许可人，报告方法可采用：当面报告、电话报告
2	编制工作终结报告，包括下列内容：工作负责人姓名、工作班组名称、工作任务（说明线路名称、巡检飞行的起止杆塔号等）已经结束，无人机巡检系统已经回收，工作终结
3	已终结的工作单（票）应保存一年

（八）标准化作业指导书执行情况评估

评估内容	符合性	优		可操作项	
		良		不可操作项	
	可操作性	优		修改项	
		良		遗漏项	
存在问题					
改进意见					

（九）设备入库

序号	工作内容或要求
1	当天巡检作业结束后，应按所用无人机巡检要求进行检查和维护工作，对外观及关键零部件进行检查
2	当天巡检作业结束后，应清理现场，核对设备和工器具清单，确认现场无遗漏
3	当天巡检作业结束后，应将电池取出，并按要求进行保管
4	对于无人机自主巡检作业，应对作业航线进行检查、分析，若有调整应及时更新航线数据库中对应信息
5	库房管理人员依据归还清单上所列的名称、数量、型号进行核对、清点，并检查好设备的质量，做到数量、规格准确无误，质量完好无损，配套齐全，经检查合格后，领用人在签收单上签字后，方可入库

（十）班后会及工作总结

序号	工作内容或要求
1	对巡检杆塔的数量、巡检照片的数量进行审核，对发现的缺陷进行命名，并按照无人机缺陷管理规定进行统计和上报
2	对无人机精细化巡检影像资料及数据进行归档整理
3	对无人机红外测温影像资料进行归档和分析，存在温度异常及时上报
4	填写班后会记录
5	对工作单（票）进行审核及归档、备查

十二、多旋翼无人机大载重起吊作业

（一）适用范围

本指导书适用于220kV及以上输电线路多旋翼无人机大载重起吊作业。

（二）规范性引用文件

GB/T 18037—2000　带电作业工具基本技术要求与设计导则

GB/T 14286—2002　带电作业工具设备术语

DL/T 741—2019　架空输电线路运行规程

DL/T 1482　架空输电线路无人机巡检作业技术导则

Q/GDW 11399　架空输电线路无人机巡检作业安全工作规程

（三）术语及定义

无人机大载重起吊作业运用大载重无人机进行起吊作业，方便工器具与材料在地面与高空间的传递，很大程度上缩短工器具与材料传递的时间，为电力作业提供便利。

（四）作业条件

1. 作业指导书制定

序号	工作内容或要求
1	作业指导书应用黑色或蓝色的钢（水）笔或圆珠笔填写与签发
2	内容应正确，填写应清楚，不得任意涂改
3	如有个别错、漏字需要修改时，应使用规范的符号，字迹应清楚

2. 工作单（票）制定

序号	工作内容或要求
1	工作单（票）由工作负责人或工作单（票）签发人填写，工作单由工作负责人填写
2	工作单（票）应用黑色或蓝色的钢（水）笔或圆珠笔填写与签发，内容应正确，填写应清楚，不得任意涂改。如有个别错、漏字需要修改时，应使用规范的符号，字迹应清楚
3	工作单（票）一式两份，应提前分别交给工作负责人和工作许可人
4	用计算机生成或打印的工作单（票）应使用统一的票面格式。工作单（票）应由工作单（票）签发人审核无误，并手工或电子签名后方可执行
5	工作单（票）由设备运维管理单位（部门）签发，也可由经设备运维管理单位（部门）审核合格且经批准的运行检修单位签发
6	运行检修单位的工作单（票）签发人、工作许可人和工作负责人名单应事先送有关设备运维管理单位（部门）备案
7	同一张工作单（票）中，工作单（票）签发人、工作许可人、工作负责人（监护人）不得兼任，且以上均不能为工作班成员。同一张工作单上，工作许可人、工作负责人（监护人）不得兼任

3. 作业人员资质审批

序号	工作内容或要求
1	本年度安规考试成绩合格，具有一定现场运行经验
2	作业人员应满足无人机资格证要求，取得民航局认可的无人机驾驶员资格证书
3	作业人员应熟悉掌握无人机的组装和构成
4	作业人员应熟悉掌握输电线路运行规程
5	作业人员应熟悉工作业务范围及工作内容

4. 现场勘查

序号	工作内容或要求
1	应确认作业现场天气情况是否满足作业条件
2	应确认线路周围地形地貌，是山地、丘陵、城镇还是乡村等
3	应确认作业现场空域情况

5. 空域条件

（1）禁飞区。由国家划设的，未按照国家有关规则经特别批准，任何航空器不得飞入的空间。

（2）管控区域。为维护空中交通秩序、保障空中交通安全和国家安全，按照国家有关法规划设，对航空器在空间内活动应遵守的规则、方式和时间等进行了规定和限制的区域。民用航空的空中管制区包括塔台管制区、进近管制区和区域管制区等，此外还包括但不限于以下区域：

序号	区域	定义
1	空中禁区	由国家划设的，未按照国家有关规则经特别批准，任何航空器不得飞入的空间
2	空中限制区	由管制部门划设的，在规定时限内，未经管制部门许可的航空器禁止飞入的空间
3	空中危险区	由管制部门划设，供对空射击或者发射使用的，在规定时限内，禁止无关航空器飞入的空间

（3）空域申请。

序号	工作项目	工作内容或要求
1	遵守政策法规	无人机作业应严格按国家相关政策法规、当地民航军管等要求规范化使用空域
2	确认飞行作业区域	工作任务签发前应确认飞行作业区域是否处于空中管制区：未经空中交通管制批准，不得在管制空域内飞行
3	办理空域审批手续	作业执行单位应根据无人机作业计划，按相关要求办理空域审批手续，并密切跟踪当地空域变化情况
4	注意事项	实际飞行作业范围不应超过批复的空域

6. 气象条件

雾、雪、大雨、冰雹、风力大于 10m/s 等恶劣天气不宜作业。

（五）安全策略

序号	工作内容或要求
1	作业区域出现雷雨、大风等可能影响作业的突变天气时，应立即采取措施控制无人机返航或就近降落
2	无人机作业过程中，出现卫星导航信号差时，应始终密切关注无人机飞行航迹。若出现航迹偏移较大或不满足作业质量要求时，应立即人工接管，并及时返航降落
3	无人机飞行期间若通信链路中断超过 2min，并在预计时间内仍未返航，应根据掌握的无人机最后地理坐标位置开展搜寻工作

（六）现场准备

1. 布置作业现场

序号	工作项目	工作内容或要求
1	使用工作围栏划分不同的功能区	（1）现场应使用工作围栏划分不同的功能区，功能区包括地面站操作区、无人机起降区、工器具摆放区、起吊作业区等，各功能区应有明显区分。 （2）起降区周围应设安全围栏，禁止行人和其他无关人员逗留，特别是在起降过程中，需时刻注意保持与无关人员的安全距离

续表

序号	工作项目	工作内容或要求
2	选择合适的无人机起降场地	（1）起降场地应为不小于2m×2m大小的平整地面； （2）全过程中，起降场地与无人机应保持通视，保证遥控、通信质量良好； （3）起降场地周围应无高大建筑、线路、树木等障碍物或地下电缆等干扰源； （4）尽量避免将起降场地设在线路或无人机飞行路径下方、交通繁忙道路及人口密集区附近。 注意事项：若起降区地面尘土、砂砾、树枝等杂物较多，应铺设帆布，防止无人机起飞时杂物卷入螺旋桨面或机体内造成意外
3	架设地面站（如需）	选定起降区后，在其附近的合适位置架设地面站，架设地面站时，通信天线应确保在作业全过程中与无人机无遮挡，保持通信质量良好
4	布置现场	现场布置应保持整洁、有序，工器具放置整齐

2. 现场复勘

序号	工作内容或要求
1	作业前使用风速仪进行风力等级检测，风力大于5级及以上严禁开展作业
2	如遇雷、雨、雪、大雨、冰雹等恶劣天气严禁作业
3	输电线路在跨越高速铁路两侧杆塔时，严禁无人机作业

3. 作业分工

序号	工作人员	数量	作业分工
1	工作负责人	1名	负责全面组织大载重起吊工作开展，负责现场飞行安全
2	操控手	1名	负责无人机起降操控、设备准备、检查、撤收
3	程控手	1名	负责程控无人机飞行、遥测信息监测、设备准备、检查、航线规划、撤收
4	任务手	1名	负责任务设备操作、现场环境观察、图传信息监测、设备准备、检查、撤收
5	地勤人员	1名	负责针对无人机的保养护理，不直接参与无人机执行任务时的控制，协助工作负责人对无人机设备进行收纳和检查

（七）作业程序

1. 宣读工作单（票）及安全注意事项（进行三交代）

（1）危险点分析。

√	序号	工作危险点	责任人签字
	1	起飞前未充分检查设备的各连接部分是否正常，工作中可能发生故障引起危险	
	2	起飞前未充分检查设备的各电器控制部分是否正常，工作中可能发生故障引起危险	
	3	起飞平台地点选择不合理（地面坡度过大或地面有沙石），可能引起侧翻或损伤电机的危险	

续表

√	序号	工作危险点	责任人签字
	4	起飞前未充分检查起飞环境是否具备飞行条件，飞行中可能发生碰撞或信号干扰引起危险	
	5	起飞前未充分掌握当天天气情况是否具备飞行条件，在飞行过程中遇到影响作业的天气变化，可能导致飞行作业危险性增加	
	6	起飞前通信设备未检查，可能导致飞行中交流不畅引起危险	
	7	起飞前未检查无人机和地面控制系统等电池电量，可能因电量不足导致飞行失控引起危险	
	8	起飞前未检查地面站软件，可能因下行链路数据不正常引起危险	
	9	起飞前未校准遥控器，导致不能准确控制无人机可能引发危险	
	10	起飞前未校准磁力计，可能导致不能接收 GPS 信号而引发的危险	
	11	起飞前未检查照相和摄像设备的电量和储存卡的空间，可能因电量和储存卡的空间不足导致不能完成此次作业任务	
	12	飞行中飞控手未能准确判断无人机与带电体的最小安全距离，而引起放电危险	
	13	飞行中作业人员存在精神或体力疲劳现象，可能引起操作失误而发生危险	
	14	飞行中作业人员未能准确判断周围环境、障碍物等，可能使飞行发生危险	
	15	飞行中地面站控制人员未能及时向飞控手准确预报数据情况，飞控手可能因飞行数据判断不准而导致误操作引发危险	

（2）生产现场作业十不干、四不伤害。

序号	内容	宣读确认	检查确认（√）
1	（1）无票的不干； （2）工作任务、危险点不清楚的不干； （3）危险点控制措施未落实的不干； （4）超出作业范围未经审批的不干； （5）未在接地保护范围内的不干； （6）现场安全措施布置不到位、安全工器具不合格的不干； （7）杆塔根部、基础和拉线不牢固的不干； （8）高处作业防坠落措施不完善的不干； （9）有限空间内气体含量未经检测或检测不合格的不干； （10）工作负责人（专责监护人）不在现场的不干		
2	（1）不伤害他人； （2）不伤害自己； （3）不被别人伤害； （4）保护他人不受伤害		

（3）安全措施。

√	序号	内容	责任人签字
	1	起飞前要认真检查设备的机体及螺旋桨是否有破损及裂纹，以及其他各连接部分均正常后才能开机	
	2	起飞前要对各个电器控制部分进行试运行一次，确认无误后才能正式飞行	

续表

√	序号	内容	责任人签字
	3	起飞平台尽量选择无坡度且开阔的地面过大，尽量保持地面无杂草、沙石等；在确无合适起飞场地时可使用帆布铺设一个临时起飞平台	
	4	起飞前应充分检查起飞场地周围的环境，要避开高大树木、建筑物和微波塔起飞	
	5	起飞前充分掌握天气情况，风力大于 10m/s 禁止飞行（新手可控的风速在 4m/s 左右），雨天禁止飞行	
	6	起飞前要检查通信设备联络畅通（对讲机、耳麦等）	
	7	起飞前要检查无人机和地面控制系统等电池电量，电量要保证能完成此次作业任务	
	8	起飞前应开机确认地面站与遥控器和无人机的数据传输均正常才能飞行	
	9	起飞前应检查遥控器的各个控制杆杆量显示是否正常，如有问题应及时校准遥控器	
	10	起飞前检查 GPS 信号接收是否正常，如有问题应及时校准磁力计	
	11	起飞前检查照相和摄像设备的电量和储存卡的空间，其电量和储存卡的空间应保证能完成此次作业任务	
	12	飞行中飞控手要密切关注无人机的姿态应与带电体保持的最小安全距离，特殊作业时可增设辅助监视人员	
	13	飞行中作业人员要保证有良好的精神状态	
	14	飞行中作业人员要准确判断无人机与周围环境、障碍物的距离且要留有一定的避险余地	
	15	飞行中地面站控制人员要及时向飞控手报地面站上的各项数据，如数据超标要及时提醒飞控手	

2. 操作步骤及内容

√	序号	作业内容	作业步骤及标准	安全措施注意事项	责任人签字
	1	无人机检查	机体检查	任何部件都没有出现裂缝	
			各连接部分检查	设备没有松脱的零件	
			螺旋桨检查	螺旋桨没有折断或者损坏	
	2	起飞前环境选择	起飞平台选择	无人机放置在平坦的地面，保证机体平稳，起飞地点尽量避免有沙石、纸屑等杂物	
			起飞风速检测	飞行时风速应不大于 8m/s	
			起飞地点与障碍物的控制	无人机起飞点离障碍物的距离应保持在 20m 以上	
			起飞点信号干扰控制	对 GPS 信号和磁力计不存在干扰，保证 GPS 的卫星颗数不少于 12 颗	
	3	起飞前电量检查	无人机动力电池电量	用电池电量显示仪对电池进行测试，无人机电池显示参数符合起飞要求	
			遥控器供电	每次飞行时一定要把遥控器电池充满电，保证不会因为电量的原因导致遥控器无法控制无人机；遥控器的频率必须无人机接的频率一致	
			地面站供电	携带足够的设备电池，保证地面站电脑的电池能满足该次作业的要求，不要出现在飞行过程中地面站电脑电量不足而关机的情况	

续表

√	序号	作业内容	作业步骤及标准	安全措施注意事项	责任人签字
	4	起吊装置检查	（1）检查起吊装置外观有无损坏； （2）检查起吊装置运行是否正常起吊	（1）装置外观无损坏； （2）起吊装置运行正常	
	5	起飞	（1）双摇杆外八字下拉到底，电机启动，无人机进入起飞状态； （2）然后将油门轻推至 70%左右无人机便可以起飞	（1）启动螺旋桨后，观察各螺旋桨的工作状态是否正常； （2）飞起后先低空（10m 左右）悬停，观察无人机的姿态是否稳定以及地面站的各项数据是否正常； （3）注意在飞行过程中，切不可将摇杆同时外八字下拉到底	
	6	起吊作业	到达起吊位置，操作遥控器进行起吊作业	作业位置下方不得有人	
	7	作业结束	收回起吊绳，停止作业	收回吊绳时吊钩上不得有负重	
	8	返回地面	返航时杆量应柔和	飞控手不允许使用直接大杆量减油门的方式降落，避免因下洗效应造成坠机。在降高时应采用左右横移同时降低高度的方式降落，也可以采用转圈的方式降落	
			降至一定高度时应保证无人机的姿态	当无人机高度降到 10m 左右时要保持无人机在飞控手的正前方以便于控制，同时杆量应柔和，让无人机匀速下降	
			着陆要果断	无人机因地效的缘故在快要接地时会出现姿态不稳的现象（类似回弹的现象），此时应果断减油门使其降落	
	9	工作终结汇报	（1）确认所拍视频和照片符合作业任务要求。 （2）清理现场及工具，工作负责人全面检查工作完成情况，清点人数，无误后，宣布工作结束，撤离施工现场	—	
人员确认签字：					

（八）工作总结

序号	工作内容或要求
1	对多旋翼无人机大载重起吊作业进行审核，对发现的缺陷进行命名，并按照无人机缺陷管理规定进行统计和上报
2	对多旋翼无人机大载重起吊作业资料及数据进行归档整理
3	对多旋翼无人机大载重起吊作业资料进行归档和分析，存在异常及时上报
4	填写班后会记录
5	对工作单（票）进行审核及归档、备查

十三、多旋翼无人机架空输电线路放线作业

（一）适用范围

本指导书适用于 220kV 及以上输电线路多旋翼无人机架空输电线路放线作业。

（二）规范性引用文件

GB/T 18037—2000　带电作业工具基本技术要求与设计导则

GB/T 14286—2002　带电作业工具设备术语

DL/T 741—2019　架空输电线路运行规程

DL/T 1578　架空电力线路多旋翼无人机巡检系统

DL/T 1482　架空输电线路无人机巡检作业技术导则

Q/GDW 11399　架空输电线路无人机巡检作业安全工作规程

（三）术语及定义

无人机放线作业使用无人机放线替代人工放线，有着非凡的意义。电力放线无人机，可有效保护农作物、苗木免受砍伐之苦，民居建筑无需搬迁拆除，施工人员不再长途跋涉、跨越障碍，节约了大量因之而产生的经济赔偿，并且大大加快施工进度，减少导线表面损伤。

（四）班前会及作业前准备

1. 现场勘察

（1）应确认作业现场天气情况是否满足作业条件，雾、雪、大雨、冰雹、风力大于

10m/s 等恶劣天气不宜作业。

（2）应确认线路周围地形地貌，是山地、丘陵、城镇还是乡村等。

（3）应确认作业现场空域情况。

① 禁飞区。由国家划设的，未按照国家有关规则经特别批准，任何航空器不得飞入的空间。

② 管控区域。为维护空中交通秩序、保障空中交通安全和国家安全，按照国家有关法规划设，对航空器在空间内活动应遵守的规则、方式和时间等进行了规定和限制的区域。民用航空的空中管制区包括塔台管制区、进近管制区和区域管制区等，此外还包括但不限于以下区域：

序号	区域	定义
1	空中禁区	由国家划设的，未按照国家有关规则经特别批准，任何航空器不得飞入的空间
2	空中限制区	由管制部门划设的，在规定时限内，未经管制部门许可的航空器禁止飞入的空间
3	空中危险区	由管制部门划设，供对空射击或者发射使用的，在规定时限内，禁止无关航空器飞入的空间

③ 空域申请。

序号	工作项目	工作内容或要求
1	遵守政策法规	无人机巡检作业应严格按国家相关政策法规、当地民航军管等要求规范化使用空域
2	确认飞行作业区域	工作任务签发前应确认飞行作业区域是否处于空中管制区：未经空中交通管制批准，不得在管制空域内飞行
3	办理空域审批手续	作业执行单位应根据无人机巡检作业计划，按相关要求办理空域审批手续，并密切跟踪当地空域变化情况
4	注意事项	实际飞行巡检范围不应超过批复的空域

2. 无人机放线装置配置清单

√	序号	名称	型号/规格	单位	数量	备注

3. 出库检查

序号	情况分类	工作内容或要求
1	若无问题	设备出库时，领用人员需当场确认无人机及配件的规格型号和数量，并检查外观及质量，核实无误后在领用单上签字确认
2	若有问题	领用人及时更换完好的无人机或配件，核实无误后在领用单上签字确认

4. 办理工作单（票）单

序号	工作内容或要求
1	工作单（票）由工作负责人或工作单（票）签发人填写，工作单由工作负责人填写
2	工作单（票）应用黑色或蓝色的钢（水）笔或圆珠笔填写与签发，内容应正确，填写应清楚，不得任意涂改。如有个别错、漏字需要修改时，应使用规范的符号，字迹应清楚
3	工作单（票）一式两份，应提前分别交给工作负责人和工作许可人
4	用计算机生成或打印的工作单（票）应使用统一的票面格式。工作单（票）应由工作单（票）签发人审核无误，并手工或电子签名后方可执行
5	工作单（票）由设备运维管理单位（部门）签发，也可由经设备运维管理单位（部门）审核合格且经批准的运行检修单位签发
6	运行检修单位的工作单（票）签发人、工作许可人和工作负责人名单应事先送有关设备运维管理单位（部门）备案
7	同一张工作单（票）中，工作单（票）签发人、工作许可人、工作负责人（监护人）不得兼任，且以上均不能为工作班成员。同一张工作单上，工作许可人、工作负责人（监护人）不得兼任

5. 填写作业指导书

序号	工作内容或要求
1	作业指导书应用黑色或蓝色的钢（水）笔或圆珠笔填写与签发
2	内容应正确，填写应清楚，不得任意涂改
3	如有个别错、漏字需要修改时，应使用规范的符号，字迹应清楚

（五）现场准备

1. 现场复勘

序号	工作内容或要求
1	作业前使用风速仪进行风力等级检测，风力大于 5 级及以上严禁开展巡检作业
2	如遇雷、雨、雪、大雨、冰雹等恶劣天气严禁作业
3	输电线路在跨越高速铁路两侧杆塔时，严禁无人机巡检作业

2. 布置作业现场

序号	工作项目	工作内容或要求
1	使用工作围栏划分不同的功能区	（1）现场应使用工作围栏划分不同的功能区，功能区包括地面站操作区、无人机起降区、工器具摆放区等，各功能区应有明显区分； （2）起降区周围应设安全围栏，禁止行人和其他无关人员逗留，特别是在起降过程中，需时刻注意保持与无关人员的安全距离
2	选择合适的起降场地	（1）起降场地应为不小于 2m×2m 大小的平整地面； （2）巡检全过程中，起降场地与无人机应保持通视，保证遥控、通信质量良好； （3）起降场地周围应无高大建筑、线路、树木等障碍物或地下电缆等干扰源； （4）尽量避免将起降场地设在巡检线路或无人机飞行路径下方、交通繁忙道路及人口密集区附近。 注意事项：若起降区地面尘土、砂砾、树枝等杂物较多，应铺设帆布，防止无人机起飞时杂物卷入螺旋桨面或机体内造成意外
3	架设地面站（如需）	选定起降区后，在其附近的合适位置架设地面站，架设地面站时，通信天线应确保在巡检全过程中与无人机无遮挡，保持通信质量良好
4	布置现场	现场布置应保持整洁、有序，工器具放置整齐

3. 作业分工

序号	工作人员	数量	作业分工
1	工作负责人	1 名	负责全面组织无人机放线工作开展，负责现场飞行安全
2	操控手	1 名	负责无人机起降操控、设备准备、检查、撤收
3	程控手	1 名	负责程控无人机飞行、遥测信息监测、设备准备、检查、航线规划、撤收
4	任务手	1 名	负责任务设备操作、现场环境观察、图传信息监测、设备准备、检查、撤收
5	地勤人员	1 名	负责针对无人机的保养护理，不直接参与无人机执行任务时的控制，协助工作负责人对无人机设备进行收纳和检查

（六）作业程序

1. 宣读工作单及安全注意事项

（1）危险点分析。

√	序号	工作危险点	责任人签字
	1	起飞前未充分检查设备的各连接部分是否正常，工作中可能发生故障引起危险	
	2	起飞前未充分检查设备的各电器控制部分是否正常，工作中可能发生故障引起危险	
	3	起飞平台地点选择不合理（地面坡度过大或地面有沙石），可能引起侧翻或损伤电机的危险	
	4	起飞前未充分检查起飞环境是否具备飞行条件，飞行中可能发生碰撞或信号干扰引起危险	
	5	起飞前未充分掌握当天天气情况是否具备飞行条件，在飞行过程中遇到影响作业的天气变化，可能导致飞行作业危险性增加	
	6	起飞前通信设备未检查，可能导致飞行中交流不畅引起危险	

续表

√	序号	工作危险点	责任人签字
	7	起飞前未检查无人机和地面控制系统等电池电量，可能因电量不足导致飞行失控引起危险	
	8	起飞前未检查地面站软件，可能因下行链路数据不正常引起危险	
	9	起飞前未校准遥控器，导致不能准确控制无人机可能引发危险	
	10	起飞前未校准磁力计，可能导致不能接收GPS信号而引发的危险	
	11	起飞前未检查照相和摄像设备的电量和储存卡的空间，可能因电量和储存卡的空间不足导致不能完成此次作业任务	
	12	飞行中飞控手未能准确判断无人机与带电体的最小安全距离，而引起放电危险	
	13	飞行中作业人员存在精神或体力疲劳现象，可能引起操作失误而发生危险	
	14	飞行中作业人员未能准确判断周围环境、障碍物等，可能使飞行发生危险	
	15	飞行中地面站控制人员未能及时向飞控手准确预报数据情况，飞控手可能因飞行数据判断不准而导致误操作引发的危险	

（2）生产现场作业十不干、四不伤害。

序号	内容	宣读确认	检查确认（√）
1	（1）无票的不干； （2）工作任务、危险点不清楚的不干； （3）危险点控制措施未落实的不干； （4）超出作业范围未经审批的不干； （5）未在接地保护范围内的不干； （6）现场安全措施布置不到位、安全工器具不合格的不干； （7）杆塔根部、基础和拉线不牢固的不干； （8）高处作业防坠落措施不完善的不干； （9）有限空间内气体含量未经检测或检测不合格的不干； （10）工作负责人（专责监护人）不在现场的不干		
2	（1）不伤害他人； （2）不伤害自己； （3）不被别人伤害； （4）保护他人不受伤害		

（3）安全措施。

√	序号	内容	责任人签字
	1	起飞前要认真检查设备的机体及螺旋桨是否有破损及裂纹，以及其他各连接部分均正常后才能开机	
	2	起飞前要对各个电器控制部分进行试运行一次，确认无误后才能正式飞行	
	3	起飞平台尽量选择无坡度且开阔的地面过大，尽量保持地面无杂草、沙石等；在确无合适起飞场地时可使用帆布铺设一个临时起飞平台	
	4	起飞前应充分检查起飞场地周围的环境，要避开高大树木、建筑物和微波塔起飞	
	5	起飞前充分掌握天气情况，风力大于10m/s禁止飞行（新手可控的风速在4m/s左右），雨天禁止飞行	

续表

√	序号	内容	责任人签字
	6	起飞前要检查通信设备联络畅通（对讲机、耳麦等）	
	7	起飞前要检查无人机和地面控制系统等电池电量，电量要保证能完成此次作业任务	
	8	起飞前应开机确认地面站与遥控器和无人机的数据传输均正常才能飞行	
	9	起飞前应检查遥控器的各个控制杆杆量显示是否正常，如有问题应及时校准遥控器	
	10	起飞前检查 GPS 信号接收是否正常，如有问题应及时校准磁力计	
	11	起飞前检查照相和摄像设备的电量和储存卡的空间，其电量和储存卡的空间应保证能完成此次作业任务	
	12	飞行中飞控手要密切关注无人机的姿态应与带电体保持的最小安全距离，特殊作业时可增设辅助监视人员	
	13	飞行中作业人员要保证有良好的精神状态	
	14	飞行中作业人员要准确判断无人机与周围环境、障碍物的距离且要留有一定的避险余地	
	15	飞行中地面站控制人员要及时向飞控手报地面站上的各项数据，如数据超标要及时提醒飞控手	

2. 操作步骤及内容

√	序号	作业内容	作业步骤及标准	安全措施注意事项	责任人签字
	1	无人机检查	机体检查	任何部件都没有出现裂缝	
			各连接部分检查	设备没有松脱的零件	
			螺旋桨检查	螺旋桨没有折断或者损坏	
	2	起飞前环境选择	起飞平台选择	无人机放置在平坦的地面，保证机体平稳，起飞地点尽量避免有沙石、纸屑等杂物	
			起飞风速检测	飞行时风速应不大于 8m/s	
			起飞地点与障碍物的控制	无人机起飞点离障碍物的距离应保持在 20m 以上	
			起飞点信号干扰控制	对 GPS 信号和磁力计不存在干扰，保证 GPS 的卫星颗数不少于 12 颗	
	3	起飞前电量检查	无人机动力电池电量	用电池电量显示仪对电池进行测试，无人机电池显示参数符合起飞要求	
			遥控器供电	每次飞行时一定要把遥控器电池充满电，保证不会因为电量的原因导致遥控器无法控制无人机；遥控器的频率必须与无人机接的频率一致	
			地面站供电	携带足够的设备电池，保证地面站电脑的电池能满足该次作业的要求，不要出现在飞行过程中地面站电脑电量不足而关机的情况	
	4	抛绳器及抛绳设备电量检查	（1）检查抛绳器动作是否灵活、可靠； （2）检查电池电量是否充足	（1）抛绳器动作灵活、可靠； （2）电池电量充足	

续表

√	序号	作业内容	作业步骤及标准	安全措施注意事项	责任人签字
	5	带绳起飞	（1）将绳索端部挂在抛绳器上； （2）双摇杆外八字下拉到底，电机启动，无人机进入起飞状态； （3）然后将油门轻推至 70%左右无人机便可以起飞	（1）启动螺旋桨后，观察各螺旋桨的工作状态是否正常； （2）飞起后先低空（10m 左右）悬停，观察无人机的姿态是否稳定以及地面站的各项数据是否正常； （3）注意在飞行过程中，切不可将摇杆同时外八字下拉到底	
	6	起飞后的控制	要经常关注电量	地面站控制人员密切关注电量，一定要保证无人机有足够的电量返回着陆，当电池电压低 40%须返航	
			避免在军事设施或者其他大功率辐射源附近飞行	大功率辐射源可能会对无人机 GPS 信号干扰导致 GPS 定位精度不够影响飞行，也可能会因信号频率相进对遥控器与无人机的信号接收造成干扰	
			尽量与障碍物保持一定的安全距离	保持足够的安全距离，才能避免因突发的阵风或 GPS 定位精度不稳定致使无人机大幅度偏移造成事故	
			飞行中的杆量控制	飞行中的杆量控制一定要柔和，不允许出现弹杆的情况，因为弹杆操作容易导致无人机电机转速忽高忽低，影响飞行稳定性	
	7	无人机下降	无人机到达抛绳位置上方后，无人机下降	保证无人机和带电体的安全距离	
	8	抛绳	操作抛绳装置将绳索抛下	抛绳下方不可有人逗留或经过	
	9	返回地面	返航时杆量应柔和	飞控手不允许使用直接大杆量减油门的方式降落，避免因下洗效应造成坠机。在降高时应采用左右横移同时降低高度的方式降落，也可以采用转圈的方式降落	
			降至一定高度时应保证无人机的姿态	当无人机高度降到 10m 左右时要保持无人机在飞控手的正前方以便于控制，同时杆量应柔和，让无人机匀速下降	
			着陆要果断	无人机因地效的缘故在快要接地时会出现姿态不稳的现象（类似回弹的现象），此时应果断减油门使其降落	
	10	工作终结汇报	（1）确认所拍视频和照片符合作业任务要求； （2）清理现场及工具，工作负责人全面检查工作完成情况，清点人数，无误后，宣布工作结束，撤离施工现场	—	

人员确认签字：

（七）现场作业结束

工作单终结

序号	工作内容或要求
1	工作终结后，工作负责人应及时报告工作许可人，报告方法可采用：当面报告、电话报告
2	编制工作终结报告，包括下列内容：工作负责人姓名、工作班组名称、工作任务（说明线路名称、巡检飞行的起止杆塔号等）已经结束，无人机巡检系统已经回收，工作终结
3	已终结的工作单（票）应保存一年

（八）标准化作业指导书执行情况评估

<table>
<tr><td rowspan="4">评估内容</td><td rowspan="2">符合性</td><td>优</td><td></td><td>可操作项</td><td></td></tr>
<tr><td>良</td><td></td><td>不可操作项</td><td></td></tr>
<tr><td rowspan="2">可操作性</td><td>优</td><td></td><td>修改项</td><td></td></tr>
<tr><td>良</td><td></td><td>遗漏项</td><td></td></tr>
<tr><td>存在问题</td><td colspan="5"></td></tr>
<tr><td>改进意见</td><td colspan="5"></td></tr>
</table>

（九）设备入库

序号	工作内容或要求
1	当天放线作业结束后，应按所用无人机放线要求进行检查和维护工作，对外观及关键零部件进行检查
2	当天放线作业结束后，应清理现场，核对设备和工器具清单，确认现场无遗漏
3	当天放线作业结束后，应将电池取出，并按要求进行保管
4	对于无人机放线作业，应对作业航线进行检查、分析，若有调整应及时更新航线数据库中对应信息
5	库房管理人员依据归还清单上所列的名称、数量、型号进行核对、清点，并检查好设备的质量，做到数量、规格准确无误，质量完好无损，配套齐全，经检查合格后，领用人在签收单上签字后，方可入库

（十）班后会及工作总结

序号	工作内容或要求
1	对无人机放线作业影像资料及数据进行归档整理
2	填写班后会记录
3	对工作单（票）进行审核及归档、备查

十四、多旋翼无人机通信指挥车巡检作业

（一）适用范围

本指导书适用于220kV及以上输电线路多旋翼无人机通信指挥车巡检作业。

（二）规范性引用文件

GB/T 18037—2000　带电作业工具基本技术要求与设计导则

GB/T 14286—2002　带电作业工具设备术语

DL/T 741—2019　架空输电线路运行规程

DL/T 1578　架空电力线路多旋翼无人机巡检系统

DL/T 1482　架空输电线路无人机巡检作业技术导则

Q/GDW 11399　架空输电线路无人机巡检作业安全工作规程

（三）术语及定义

通信指挥车巡检作业无须遥控器操控，巡检人员在地面操作台发出启动指令后，多架无人机从通信指挥车的起降平台上依次起飞，分别按照预先设定的路线和任务自主起飞、自主巡检、自主返航降落，对输电线路进行360°无死角精细化巡检，全程无须人工干预。

（四）班前会及作业前准备

1. 现场勘察

（1）应确认作业现场天气情况是否满足作业条件。

（2）雾、雪、大雨、冰雹、风力大于10m/s等恶劣天气不宜作业。

（3）应确认线路周围地形地貌，是山地、丘陵、城镇还是乡村等。

（4）应确认作业现场空域情况。

① 禁飞区。由国家划设的，未按照国家有关规则经特别批准，任何航空器不得飞入的空间。

② 管控区域。为维护空中交通秩序、保障空中交通安全和国家安全，按照国家有关法规划设，对航空器在空间内活动应遵守的规则、方式和时间等进行了规定和限制的区域。民用航空的空中管制区包括塔台管制区、进近管制区和区域管制区等，此外还包括但不限于以下区域：

序号	区域	定义
1	空中禁区	由国家划设的，未按照国家有关规则经特别批准，任何航空器不得飞入的空间
2	空中限制区	由管制部门划设的，在规定时限内，未经管制部门许可的航空器禁止飞入的空间
3	空中危险区	由管制部门划设，供对空射击或者发射使用的，在规定时限内，禁止无关航空器飞入的空间

③ 空域申请。

序号	工作项目	工作内容或要求
1	遵守政策法规	无人机巡检作业应严格按国家相关政策法规、当地民航军管等要求规范化使用空域
2	确认飞行作业区域	工作任务签发前应确认飞行作业区域是否处于空中管制区：未经空中交通管制批准，不得在管制空域内飞行
3	办理空域审批手续	作业执行单位应根据无人机巡检作业计划，按相关要求办理空域审批手续，并密切跟踪当地空域变化情况
4	注意事项	实际飞行巡检范围不应超过批复的空域

（5）应确认巡检线路图。

序号	工作项目	工作内容或要求
1	确认巡检情况	确认巡检作业线路杆塔的类型、坐标及高度、线路周围地形地貌和周边交叉跨越情况
2	航线规划	应根据巡检线路的杆塔坐标、塔高等技术参数，结合线路途经区域地图和现场勘察情况绘制航线，制定巡检方式、起降位置及安全策略。 航线规划应避开空中管制区、重要建筑和设施，尽量避开人员活动密集区、通信阻隔区、无线电干扰区、大风或切变风多发区和森林防火区等地区。对首次进行无人机巡检作业的线段，航线规划时应留有充足裕量，与以上区域保持足够的安全距离

续表

序号	工作项目	工作内容或要求
3	资料查阅	（1）巡检前，作业人员应明确无人机巡检作业流程： 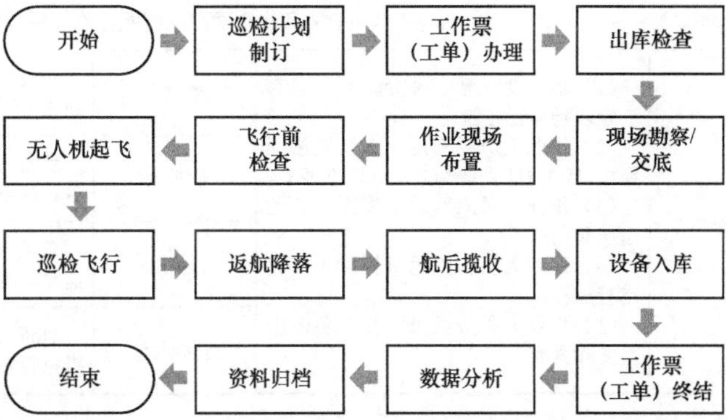 开始 → 巡检计划制订 → 工作票（工单）办理 → 出库检查 → 现场勘察/交底 → 作业现场布置 → 飞行前检查 → 无人机起飞 → 巡检飞行 → 返航降落 → 航后撤收 → 设备入库 → 工作票（工单）终结 → 数据分析 → 资料归档 → 结束 （2）根据巡检任务进行资料查阅，查阅巡检线路台账及卫星地图等资料，掌握杆塔等巡检设备型号参数、坐标高度及巡检线路周围地形地貌和周边交叉跨越情况

2. 无人机系统的配置清单

√	序号	名称	型号/规格	单位	数量	备注

3. 仪器仪表及工器具

序号	名称	单位	数量
1	安全帽	顶	
2	望远镜	台	
3	对讲机	台	
4	激光测距仪	台	
5	风速风向仪	台	
6	安全帽	顶	

4. 出库检查

序号	情况分类	工作内容或要求
1	若无问题	设备出库时，领用人员需当场确认无人机及配件的规格型号和数量，并检查外观及质量，核实无误后在领用单上签字确认
2	若有问题	领用人及时更换完好的无人机或配件，核实无误后在领用单上签字确认

5. 工作人员组成

<table>
<tr><th>组成</th><th>能力要求</th><th colspan="2">职责分工</th></tr>
<tr><td>工作负责人</td><td colspan="3">工作负责人负责全面组织巡检工作开展，负责现场飞行安全</td></tr>
<tr><td rowspan="4">工作班成员</td><td rowspan="4">（1）本年度安规考试成绩合格，具有一定现场运行经验；
（2）作业人员应满足无人机资格证要求，取得 UTC 或 AOPA 等资格证书；
（3）作业人员应熟悉掌握无人机的组装和构成；
（4）作业人员应熟悉掌握输电线路运行规程；
（5）作业人员应熟悉工作业务范围及工作内容</td><td>操控手</td><td>负责无人机人工起降操控、设备准备、检查、撤收</td></tr>
<tr><td>程控手</td><td>负责程控无人机飞行、遥测信息监测、设备准备、检查、航线规划、撤收</td></tr>
<tr><td>任务手</td><td>负责任务设备操作、现场环境观察、图传信息监测、设备准备、检查、撤收</td></tr>
<tr><td>地勤人员</td><td>负责针对无人机的保养护理，不直接参与无人机执行任务时的控制</td></tr>
</table>

6. 办理工作单（票）

序号	工作内容或要求
1	工作单（票）由工作负责人或工作单（票）签发人填写，工作单由工作负责人填写
2	工作单（票）应用黑色或蓝色的钢（水）笔或圆珠笔填写与签发，内容应正确，填写应清楚，不得任意涂改。如有个别错、漏字需要修改时，应使用规范的符号，字迹应清楚
3	工作单（票）一式两份，应提前分别交给工作负责人和工作许可人
4	用计算机生成或打印的工作单（票）应使用统一的票面格式。工作单（票）应由工作单（票）签发人审核无误，并手工或电子签名后方可执行
5	工作单（票）由设备运维管理单位（部门）签发，也可由经设备运维管理单位（部门）审核合格且经批准的运行检修单位签发
6	运行检修单位的工作单（票）签发人、工作许可人和工作负责人名单应事先送有关设备运维管理单位（部门）备案
7	同一张工作单（票）中，工作单（票）签发人、工作许可人、工作负责人（监护人）不得兼任，且以上均不能为工作班成员。同一张工作单上，工作许可人、工作负责人（监护人）不得兼任

7. 填写作业指导书

序号	工作内容或要求
1	作业指导书应用黑色或蓝色的钢（水）笔或圆珠笔填写与签发
2	内容应正确，填写应清楚，不得任意涂改
3	如有个别错、漏字需要修改时，应使用规范的符号，字迹应清楚

（五）设备维保

1. 设备维护记录

序号	分类	工作内容或要求
1	基础检测	基础检测主要是对无人机机身及遥控器的外观，外部结构进行逐个检查，确认各部件是否正常，当发现部件损坏时维修处理，确认各部件是否正常，当发现部件损坏时维修处理，检查项包括： 下壳检测：检查是否破损、裂缝、变形。 桨叶检测：是否有弯折、破损、裂缝等。 电机检测：不通电情况手动旋转电机是否存在不顺畅、电机松动。 电调检测：电调是否正常工作，无异物，无水渍。 机臂检测：机臂有无松动或裂缝、变形。 机身主体检测：整体有无松动、变形、裂缝。 天线检测：检查是否破损、裂缝、变形。 脚架检测：检查是否破损、裂缝、变形。 遥控器天线检测：检查是否破损、裂缝、变形。 遥控器外观检测：检查是否破损、裂缝、变形。 遥控器通电后检测：测试每一个按键功能是否功能正常有效。 对频检测：机身与遥控器是否能重新对频。 自检检测：确认通过软件 App 或机体模块自检通过并无报错。 解锁电机测试检测：空载下检查无异响。 电池电压检测：插入电池可正常通电，电芯电压压差是否正常。 云台减震球/云台防脱绳检测：减震球是否变形、硬化，防脱绳是否松动破损。 桨叶底座/桨夹检测：桨叶底座/桨夹是否破损、松动。 视觉避障系统检查（如有）：检查视觉避障系统是否能检测到障碍物。 电池仓检测：电池插入正常，没有过紧过松，且接口处不变形
2	常规保养	常规保养是对无人机整体结构及功能进行全面检查，对飞行器各模块进行校准升级，对日常清理中无法接触的机器结构内部进行深度清理，并对无人机易损件进行更换处理。无人机机身及遥控器等设备 IMU、指南针、遥控器摇杆及视觉避障模块等组件需要进行定期的校准，以保证良好的运行状态，在进行保养时需要对其进行校准检查，判断 IMU、指南针、遥控器摇杆、视觉避障模块（如有）等是否能正常校准，并检查其工作状态是否正常。定期更新无人机设备固件来保证无人机功能的更新与稳定。不同无人机机型所需进行校准或固件升级的部件不尽相同，无人机升级校准项如下所示： App 内 IMU 校准：通过遥控器或 App 提示校准，校准是否通过。 App 内指南针校准：通过遥控器或 App 提示校准，校准是否通过。 RC 摇杆校准：在 App 或遥控器上选择 RC 摇杆校准。 视觉系统校准（如有）：通过调参校准飞行视觉传感器。 RTK 系统升级（若有）：通过调参看是否升级成功。 遥控器固件升级：通过遥控器固件看是否升级成功。 电池固件升级：通过调参/App 查看所有电池是否升级成功。 飞行器固件升级：通过调参看是否升级成功。 RTK 基站固件升级（若有）：检查 RTK 基站固件是否为最新固件。 易损件是指对检查中发现无人机设备出现外观瑕疵，功能性故障的组件，在定期保养的过程中也会对无人机机身上易出现老化磨损的固件进行统一的更换处理，确保无人机机体结构强度与稳定性符合作业要求，通常情况下下无人机因其结构差异，产生老化与磨损的组件也不尽相同，通常易出现老化的组件主要是橡胶、塑料或部分金属材质与外部接触或连接部位的组件以及动力组件等，如减震球、摇杆、保护罩、机臂固定螺丝、桨叶、动力电机等
3	深度保养	深度保养内容除了完成常规保养的要求外，需充分检查整机的结构及功能情况，并对无人机进行深度的拆卸，在替换易损件的基础上，更换无人机动力电机
4	其他保养	电池作为无人机动力，与机体其他机械电子结构不同，其涉及频繁的充放电操作以及插拔等动作，在整体的保养过程中不会像其他组件一样只需要进行定期的保养。锂电池也由于其自身的放电特性，具有其特有的使用寿命以及特殊的工作环境要求。按照实际使用场景，需通过电池保养和日常检测，确保电池正常使用。电池保养过程贯穿于整个电池的使用周期，其主要的保养方式分为使用期间的保养以及电池存储期的保养

续表

序号	分类	工作内容或要求
4	其他保养	① 电池使用期间的保养 电池出现鼓包、漏液、包装破损的情况时，请勿继续使用。 在电池电源打开的状态下不能插电池，否则可能损坏电源接口。 电池应在许可的环境温度下使用，过高温度或过低温度均会造成电池寿命下降及损坏。 确保电池充电时，电池温度处于合适的区间（15～40℃），过低或过高温度充电都会影响电池寿命，甚至造成电池损坏。 充电完毕后请断开充电器及充电管家与电池间的连接。定时检查并保养充电器及充电管家，经常检查电池外观等各个部件。切勿使用已有损坏的充电器及充电管家。 飞行时尽量不要将电池电量耗尽才降落，当电池放电后电压过低时（低于 2V），将会导致电池低电压锁死报废，无法进行充电等操作，且无法恢复。严重低电压电池再次强制充电易出现起火的情况。 ② 电池存储期的保养 短期储存（0～10 天）电池充满后，放置在电池存储箱内保存，确保电池环境温度适宜。 中期储存（10～90 天）将电池放电至 40%～65%电量，放置在电池存储箱内保存，确保电池环境温度适宜。 长期储存（90 天以上）将电池放电至 40%～65%电量存放，每 90 天左右将电池取出进行一次完整的充放电过程，然后再将电池放电至 40%～65%电量存放。 切勿将电池彻底放完电后长时间存储，以避免电池进入过放状态，造成电芯损坏，将无法恢复使用。 禁止将电池放在靠近热源的地方，比如阳光直射或热天的车内、火源或加热炉。电池理想的保存温度为 22～30℃。 长期存放时需将电池从飞行器内取出

2. 设备使用记录

序号	工作内容或要求
1	物品出库，保管人员要做好记录，领用人签字
2	本着“厉行节约，杜绝浪费”的原则发放物品，做到专物专用
3	对于相关专用物品的领用必须要有主任、使用部门负责人签字方可领取
4	领用人不得进入库房，防止出现误领、错领现象的发生

（六）安全策略

1. 控制系统检查

序号	工作项目	工作内容或要求
1	设备维护	多旋翼无人机巡检系统及油料应定置存放，并设专人管理。应定期对多旋翼无人机巡检系统进行检查、清洁、润滑、紧固，确保设备良好。设备电池应定期进行检查维护，确保其性能良好
2	设备保养	应定期进行零件维修更换和保养。无人机巡检系统主要部件（如电机、飞控系统、通信链路、任务设备等）更换或升级后，应进行检测，确保满足技术要求。长期不用时应定期检查设备状态，如有异常应及时调试或维修
3	异常处置	无人机巡检作业应编制异常处置应急预案（或现场处置方案），并开展现场演练。飞行巡检过程中，发生危及飞行安全的异常情况时，应根据具体情况及时采取返航或就近迫降等应急措施。作业现场出现雷雨、大风等突变天气或空域许可情况发生变化时，应采取措施控制多旋翼无人机返航或就近降落

2. 应急处置方案

序号	工作项目	工作内容或要求
1	续航问题	目前，多旋翼无人机已经广泛应用在很多领域，在人防指挥通信部门执行中的险情判研、应急救援、通信中继等都为救援赢得大量的时间，让救援快速完成，保证了人们的生命财产安全。但是实际上多旋翼无人机的发展也有一定的局限性，首先是多旋翼无人机大量使用锂电池供电，只有少部分使用小型油机供电，所以在续航能力上受到限制，影响了持续救援的能力。因此在无人机的发展中应该针对续航能力进行研究，争取使用新材料和新能源提高无人机的续航能力
2	磁场干扰	由于无人机的无线传输技术并不成熟，所以多旋翼无人机在工作时往往会受到技术上的限制，还容易被电磁场干扰。在这种情况下，无人机拍摄到的图像与采集到的数据往往会出现失真的情况，从而不协调与不同步。在无人机未来的发展过程中，应该不断提高无人机的无线传输技术水平，确保无人机不受干扰，可以使用屏蔽电磁场等的工具屏蔽灾情现场的磁场干扰等情况
3	巡检作业区域出现雷雨、大风等可能影响作业的突变天气时，应立即采取措施控制无人机返航或就近降落	
4	自主飞行过程中，出现卫星导航信号差时，应始终密切关注无人机飞行航迹。若出现航迹偏移较大或不满足巡检质量要求时，应立即人工接管，并及时返航降落	
5	无人机飞行期间若通信链路中断超过 2min，并在预计时间内仍未返航，应根据掌握的无人机最后地理坐标位置开展搜寻工作	

3. 集群作业航线设定

作业前应根据实际需要，向线路所在区域的空管部门履行空域审批手续。

应根据多旋翼无人机的性能合理规划航线。航线规划应避开军事禁区、军事管理区、空中危险区和空中限制区，远离人口稠密区、重要建筑和设施、通信阻隔区、无线电干扰区、大风或切变风多发区，尽量避免沿高速公路和铁路飞行。

应根据巡检线路的杆塔坐标、塔高等技术参数，结合线路途经区域地图和现场勘查情况绘制航线，制定巡检方式、起降位置及安全策略。首次飞行的航线应适当增加净空距离确保安全后方可按照正常巡检距离开展作业。若飞行航线与杆塔坐标偏差较大，应及时修正航线库。

多旋翼无人机起、降点应与输电线路和其他设施、设备保持足够的安全距离，进场条件良好，风向有利，具备起降条件。多旋翼无人机应在杆塔、导线上方开展作业，与塔顶的垂直距离不宜小于 100m。巡航速度宜在 60～120km/h 范围内。

线路转角角度较大，宜采用内切过弯的飞行模式；相邻杆塔高程相差较大时，宜采取直线逐渐爬升或盘旋爬升的方式飞行，不应急速升降。

应建立巡检作业航线库，对已作业的航线及时存档、更新，并标注特殊区段信息（线路施工、工程建设及其他影响飞行安全的区段）。进行相同作业时，应在保障安全的前提下，优先调用历史航线。

（七）作业程序

1. 宣读工作单（票）及安全注意事项（进行三交代）

（1）危险点分析。

√	序号	工作危险点	责任人签字
	1	起飞前未充分检查设备的各连接部分是否正常，工作中可能发生故障引起危险	
	2	起飞前未充分检查设备的各电器控制部分是否正常，工作中可能发生故障引起危险	
	3	起飞平台地点选择不合理（地面坡度过大或地面有沙石），可能引起侧翻或损伤电机的危险	
	4	起飞前未充分检查起飞环境是否具备飞行条件，飞行中可能发生碰撞或信号干扰引起危险	
	5	起飞前未充分掌握当天天气情况是否具备飞行条件，在飞行过程中遇到影响作业的天气变化，可能导致飞行作业危险性增加	
	6	起飞前通信设备未检查，可能导致飞行中交流不畅引起危险	
	7	起飞前未检查无人机和地面控制系统等电池电量，可能因电量不足导致飞行失控引起危险	
	8	起飞前未检查地面站软件，可能因下行链路数据不正常引起危险	
	9	起飞前未校准遥控器，导致不能准确控制无人机可能引发危险	
	10	起飞前未校准磁力计，可能导致不能接收 GPS 信号而引发的危险	
	11	起飞前未检查照相和摄像设备的电量和储存卡的空间，可能因电量和储存卡的空间不足导致不能完成此次作业任务	
	12	飞行中飞控手未能准确判断无人机与带电体的最小安全距离，而引起放电危险	
	13	飞行中作业人员存在精神或体力疲劳现象，可能引起操作失误而发生危险	
	14	飞行中作业人员未能准确判断周围环境、障碍物等，可能使飞行发生危险	
	15	飞行中地面站控制人员未能及时向飞控手准确预报数据情况，飞控手可能因飞行数据判断不准而导致误操作引发的危险	

（2）生产现场作业十不干、四不伤害。

序号	内容	宣读确认	检查确认（√）
1	（1）无票的不干； （2）工作任务、危险点不清楚的不干； （3）危险点控制措施未落实的不干； （4）超出作业范围未经审批的不干； （5）未在接地保护范围内的不干； （6）现场安全措施布置不到位、安全工器具不合格的不干； （7）杆塔根部、基础和拉线不牢固的不干； （8）高处作业防坠落措施不完善的不干； （9）有限空间内气体含量未经检测或检测不合格的不干； （10）工作负责人（专责监护人）不在现场的不干		

续表

序号	内容	宣读确认	检查确认（√）
2	（1）不伤害他人； （2）不伤害自己； （3）不被别人伤害； （4）保护他人不受伤害		

（3）安全措施。

√	序号	内容	责任人签字
	1	起飞前要认真检查设备的机体及螺旋桨是否有破损及裂纹，以及其他各连接部分均正常后才能开机	
	2	起飞前要对各个电器控制部分进行试运行一次，确认无误后才能正式飞行	
	3	起飞平台尽量选择无坡度且开阔的地面过大，尽量保持地面无杂草、沙石等；在确无合适起飞场地时可使用帆布铺设一个临时起飞平台	
	4	起飞前应充分检查起飞场地周围的环境，要避开高大树木、建筑物和微波塔起飞	
	5	起飞前充分掌握天气情况，风力大于 10m/s 禁止飞行（新手可控的风速在 4m/s 左右），雨天禁止飞行	
	6	起飞前要检查通信设备联络畅通（对讲机、耳麦等）	
	7	起飞前要检查无人机和地面控制系统等电池电量，电量要保证能完成此次作业任务	
	8	起飞前应开机确认地面站与遥控器和无人机的数据传输均正常才能飞行	
	9	起飞前应检查遥控器的各个控制杆杆量显示是否正常，如有问题应及时校准遥控器	
	10	起飞前检查 GPS 信号接收是否正常，如有问题应及时校准磁力计	
	11	起飞前检查照相和摄像设备的电量和储存卡的空间，其电量和储存卡的空间应保证能完成此次作业任务	
	12	飞行中飞控手要密切关注无人机的姿态应与带电体保持的最小安全距离，特殊作业时可增设辅助监视人员	
	13	飞行中作业人员要保证有良好的精神状态	
	14	飞行中作业人员要准确判断无人机与周围环境、障碍物的距离且要留有一定的避险余地	
	15	飞行中地面站控制人员要及时向飞控手报地面站上的各项数据，如数据超标要及时提醒飞控手	

2. 操作步骤及内容

√	序号	作业内容	作业步骤及标准	安全措施注意事项	责任人签字
	1	无人机检查	机体检查	任何部件都没有出现裂缝	
			各连接部分检查	设备没有松脱的零件	
			螺旋桨检查	螺旋桨没有折断或者损坏	
	2	指挥车检查	对指挥车进行外观和功能的检查	指挥车外观无损坏，且功能正常	

续表

√	序号	作业内容	作业步骤及标准	安全措施注意事项	责任人签字
	3	航线设计与审核	（1）控制与带电导线的安全距离。（2）控制云台与被拍摄物的夹角	设备运维单位应建立无人机自主巡检航线库并及时更新。无人机自主巡检作业后，应根据巡检结果对自主巡检航线进行校核修正，并将经实飞校核无误的无人机自主巡检航线入库更新	
	4	巡视作业	按照设置好的编程进行自主巡检	安排人员对危险点进行实时监控，发现异常及时停止作业	
	5	自主返航、降落	自主返航、降落	安排人员对危险点进行实时监控，发现异常及时停止作业	
	6	数据整理		巡检数据处理按照统一标准格式：线路名称（××kV××线）、杆塔编号（××号）逐级建立文件夹归档存放	
	7	工作终结汇报	（1）确认所拍视频和照片符合作业任务要求。（2）清理现场及工具，工作负责人全面检查工作完成情况，清点人数，无误后，宣布工作结束，撤离施工现场	—	
人员确认签字：					

（八）设备入库

序号	工作内容或要求
1	当天巡检作业结束后，应按所用无人机巡检系统要求进行检查和维护工作，对外观及关键零部件进行检查
2	当天巡检作业结束后，应清理现场，核对设备和工器具清单，确认现场无遗漏
3	对于油动力无人机巡检系统，应将油箱内剩余油品抽出，对于电动力无人机巡检系统，应将电池取出。取出的油品和电池应按要求保管
4	对于无人机自主巡检作业，应对作业航线进行检查、分析，若有调整应及时更新航线数据库中对应信息

（九）班后会及工作总结

序号	工作内容或要求
1	每次巡检作业结束后，应填写无人机巡检系统使用记录单，记录无人机巡检作业情况及无人机当前状态等信息
2	设备运维单位应建立无人机自主巡检航线库并及时更新。无人机自主巡检作业后，应根据巡检结果对自主巡检航线进行校核修正，并将经实飞校核无误的无人机自主巡检航线入库更新
3	设备运维单位应建立健全线路资料信息，包括：线路走向和走势、交叉跨越情况、杆塔坐标、周边地形地貌等，并核实无误
4	设备运维单位应提前掌握线路周边重要建筑和设施、人员活动密集区、空中管制区、无线电干扰区、通信阻隔区、大风或切变风多发区、森林防火区和无人区等的分布情况，提前建立各型无人机巡检作业适航区档案，包括正常作业区、备选起飞和降落区档案

续表

序号	工作内容或要求
5	无人机自主巡检影像资料及数据归档
6	无人机红外测温归档
7	在无人机精细化巡检作业结束后 3 日内，完成缺陷 AI 识别进行缺陷查找，并生成缺陷报告，上报单位审核

十五、固定翼无人机二维正射采集作业

（一）适用范围

本指导书适用于220kV及以上输电线路开展固定翼无人机二维正射采集工作。

（二）引用文件

GB/T 18037—2000　带电作业工具基本技术要求与设计导则

GB/T 14286—2002　带电作业工具设备术语

国家电网公司电力安全工作规程（线路部分）

GB 50545　110kV～750kV架空输电线路设计规范

110～500kV架空电力线路施工及验收规范

DL/T 741　架空输电线路运行规程

GB/T 20257.1—2007　1∶500、1∶1000、1∶2000地形图图式

GB 14804—93　1∶500、1∶1000、1∶2000地形图要素分类与代码

全球定位系统（GPS）辅助航空摄影技术规定

GB/T 23236　数字航空摄影测量空中三角测量规

GB/T 18326　数字测绘产品检查验收规定和质量评定

GB/T 18316　数字测绘成果质量检查与验收

GB/T 24356　测绘成果质量检查与验收

750kV线路带电作业技术导则

750kV线路带电作业管理规定

国家电网公司架空输电线路无人机巡检作业管理规定

（三）术语及定义

下列术语和定义适用于本现场作业指导书。

正射影像：正射影像是具有正射投影性质的遥感影像。

图层：将空间信息按其几何特征及属性划分成的专题。

栅格：将地球表面划分为大小均匀紧密相邻的网格阵列，每个网格作为一个象元或象素由行、列定义，并包含一个代码表示该象素的属性类型或量值，或仅仅包括指向其属性记录的指针。

缓冲区分析：根据数据库的点、线、面实体基础，自动建立其周围一定宽度范围内的缓冲区多边形实体，从而实现空间数据在水平方向得以扩展的空间分析方法。

（四）班前会及作业前准备

1. 现场勘察

（1）应确认作业现场天气情况是否满足作业条件。

（2）雾、雪、大雨、冰雹、风力大于 10m/s 等恶劣天气不宜作业。

（3）应确认线路周围地形地貌，是山地、丘陵、城镇还是乡村等。

（4）应确认作业现场空域情况。

① 禁飞区。由国家划设的，未按照国家有关规则经特别批准，任何航空器不得飞入的空间。

② 管控区域。为维护空中交通秩序、保障空中交通安全和国家安全，按照国家有关法规划设，对航空器在空间内活动应遵守的规则、方式和时间等进行了规定和限制的区域。民用航空的空中管制区包括塔台管制区、进近管制区和区域管制区等，此外还包括但不限于以下区域：

序号	区域	定义
1	空中禁区	由国家划设的，未按照国家有关规则经特别批准，任何航空器不得飞入的空间
2	空中限制区	由管制部门划设的，在规定时限内，未经管制部门许可的航空器禁止飞入的空间
3	空中危险区	由管制部门划设，供对空射击或者发射使用的，在规定时限内，禁止无关航空器飞入的空间

③ 空域申请。

序号	工作项目	工作内容或要求
1	遵守政策法规	无人机巡检作业应严格按国家相关政策法规、当地民航军管等要求规范化使用空域
2	确认飞行作业区域	工作任务签发前应确认飞行作业区域是否处于空中管制区：未经空中交通管制批准，不得在管制空域内飞行
3	办理空域审批手续	作业执行单位应根据无人机巡检作业计划，按相关要求办理空域审批手续，并密切跟踪当地空域变化情况
4	注意事项	实际飞行巡检范围不应超过批复的空域

（5）应确认巡检线路图。

序号	工作项目	工作内容或要求
1	确认巡检情况	确认巡检作业线路杆塔的类型、坐标及高度、线路周围地形地貌和周边交叉跨越情况
2	航线规划	应根据巡检线路的杆塔坐标、塔高等技术参数，结合线路途经区域地图和现场勘察情况绘制航线，制定巡检方式、起降位置及安全策略。 航线规划应避开空中管制区、重要建筑和设施，尽量避开人员活动密集区、通信阻隔区、无线电干扰区、大风或切变风多发区和森林防火区等地区。对首次进行无人机巡检作业的线段，航线规划时应留有充足裕量，与以上区域保持足够的安全距离
3	资料查阅	（1）巡检前，作业人员应明确无人机巡检作业流程： 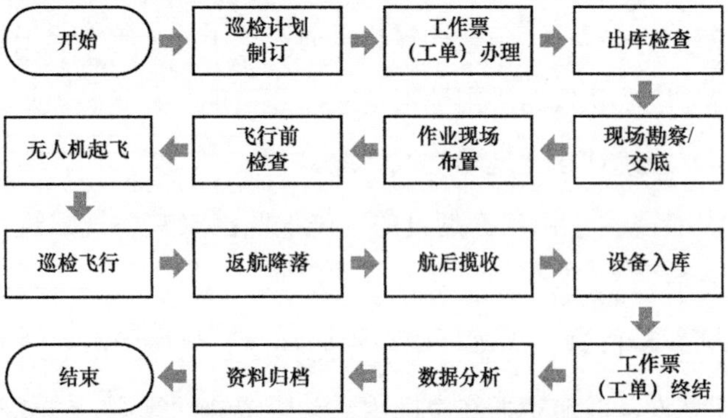 开始 → 巡检计划制订 → 工作票（工单）办理 → 出库检查 → 现场勘察/交底 → 作业现场布置 → 飞行前检查 → 无人机起飞 → 巡检飞行 → 返航降落 → 航后撤收 → 设备入库 → 工作票（工单）终结 → 数据分析 → 资料归档 → 结束 （2）根据巡检任务进行资料查阅，查阅巡检线路台账及卫星地图等资料，掌握杆塔等巡检设备型号参数、坐标高度及巡检线路周围地形地貌和周边交叉跨越情况

2. 无人机系统的配置清单

√	序号	名称	型号/规格	单位	数量	备注

3. 仪器仪表及工器具

序号	名称	单位	数量
1	安全帽	顶	
2	望远镜	台	
3	对讲机	台	
4	激光测距仪	台	
5	风速风向仪	台	
6	激光雷达	台	

4. 出库检查

序号	情况分类	工作内容或要求
1	若无问题	设备出库时，领用人员需当场确认无人机及配件的规格型号和数量，并检查外观及质量，核实无误后在领用单上签字确认
2	若有问题	领用人及时更换完好的无人机或配件，核实无误后在领用单上签字确认

5. 工作人员组成

<table>
<tr><th>组成</th><th>能力要求</th><th colspan="2">职责分工</th></tr>
<tr><td>工作负责人</td><td colspan="3">工作负责人负责全面组织巡检工作开展，负责现场飞行安全</td></tr>
<tr><td rowspan="4">工作班成员</td><td rowspan="4">（1）本年度安规考试成绩合格，具有一定现场运行经验；
（2）作业人员应满足无人机资格证要求，取得UTC或AOPA等资格证书；
（3）作业人员应熟悉掌握无人机的组装和构成；
（4）作业人员应熟悉掌握输电线路运行规程；
（5）作业人员应熟悉工作业务范围及工作内容</td><td>操控手</td><td>负责无人机人工起降操控、设备准备、检查、撤收</td></tr>
<tr><td>程控手</td><td>负责程控无人机飞行、遥测信息监测、设备准备、检查、航线规划、撤收</td></tr>
<tr><td>任务手</td><td>负责任务设备操作、现场环境观察、图传信息监测、设备准备、检查、撤收</td></tr>
<tr><td>地勤人员</td><td>负责针对无人机的保养护理，不直接参与无人机执行任务时的控制</td></tr>
</table>

6. 办理工作单（票）

序号	工作内容或要求
1	工作单（票）由工作负责人或工作单（票）签发人填写，工作单由工作负责人填写
2	工作单（票）应用黑色或蓝色的钢（水）笔或圆珠笔填写与签发，内容应正确，填写应清楚，不得任意涂改。如有个别错、漏字需要修改时，应使用规范的符号，字迹应清楚
3	工作单（票）一式两份，应提前分别交给工作负责人和工作许可人
4	用计算机生成或打印的工作单（票）应使用统一的票面格式。工作单（票）应由工作单（票）签发人审核无误，并手工或电子签名后方可执行
5	工作单（票）由设备运维管理单位（部门）签发，也可由经设备运维管理单位（部门）审核合格且经批准的运行检修单位签发

续表

序号	工作内容或要求
6	运行检修单位的工作单（票）签发人、工作许可人和工作负责人名单应事先送有关设备运维管理单位（部门）备案
7	同一张工作单（票）中，工作单（票）签发人、工作许可人、工作负责人（监护人）不得兼任，且以上均不能为工作班成员。同一张工作单上，工作许可人、工作负责人（监护人）不得兼任

7. 填写作业指导书

序号	工作内容或要求
1	作业指导书应用黑色或蓝色的钢（水）笔或圆珠笔填写与签发
2	内容应正确，填写应清楚，不得任意涂改
3	如有个别错、漏字需要修改时，应使用规范的符号，字迹应清楚

（五）现场准备

1. 现场复勘

序号	工作内容或要求
1	作业前使用风速仪进行风力等级检测，风力大于 5 级及以上严禁开展巡检作业
2	如遇雷、雨、雪、大雨、冰雹等恶劣天气严禁作业
3	输电线路在跨越高速铁路两侧杆塔时，严禁无人机巡检作业

2. 布置作业现场

序号	工作项目	工作内容或要求
1	使用工作围栏划分不同的功能区	（1）现场应使用工作围栏划分不同的功能区，功能区包括地面站操作区、无人机起降区、工器具摆放区等，各功能区应有明显区分。 （2）起降区周围应设安全围栏，禁止行人和其他无关人员逗留，特别是在起降过程中，需时刻注意保持与无关人员的安全距离
2	选择合适的起降场地	（1）起降场地应为不小于 2m×2m 大小的平整地面； （2）巡检全过程中，起降场地与无人机应保持通视，保证遥控、通信质量良好； （3）起降场地周围应无高大建筑、线路、树木等障碍物或地下电缆等干扰源； （4）尽量避免将起降场地设在巡检线路或无人机飞行路径下方、交通繁忙道路及人口密集区附近。 注意事项：若起降区地面尘土、砂砾、树枝等杂物较多，应铺设帆布，防止无人机起飞时杂物卷入螺旋桨面或机体内造成意外
3	架设地面站（如需）	选定起降区后，在其附近的合适位置架设地面站，架设地面站时，通信天线应确保在巡检全过程中与无人机无遮挡，保持通信质量良好
4	布置现场	现场布置应保持整洁、有序，工器具放置整齐

3. 作业分工

序号	工作人员	数量	作业分工
1	工作负责人	1名	负责全面组织二维正射采集工作开展，负责现场作业安全
2	操控手	1名	负责无人机起降操控、设备准备、检查、撤收
3	程控手	1名	负责程控无人机飞行、遥测信息监测、设备准备、检查、航线规划、撤收
4	任务手	1名	负责任务设备操作、现场环境观察、图传信息监测、设备准备、检查、撤收
5	地勤人员	1名	负责针对无人机的保养护理，不直接参与无人机执行任务时的控制，协助工作负责人对无人机设备进行收纳和检查

（六）作业程序

1. 宣读工作单（票）及安全注意事项（进行三交代）

（1）危险点分析。

√	序号	工作危险点	责任人签字
	1	起飞前未充分检查设备的各连接部分是否正常，工作中可能发生故障引起危险	
	2	起飞前未充分检查设备的各电器控制部分是否正常，工作中可能发生故障引起危险	
	3	起飞平台地点选择不合理（地面坡度过大或地面有沙石），可能引起侧翻或损伤电机的危险	
	4	起飞前未充分检查起飞环境是否具备飞行条件，飞行中可能发生碰撞或信号干扰引起危险	
	5	起飞前未充分掌握当天天气情况是否具备飞行条件，在飞行过程中遇到影响作业的天气变化，可能导致飞行作业危险性增加	
	6	起飞前通信设备未检查，可能导致飞行中交流不畅引起危险	
	7	起飞前未检查无人机和地面控制系统等电池电量，可能因电量不足导致飞行失控引起危险	
	8	起飞前未检查地面站软件，可能因下行链路数据不正常引起危险	
	9	起飞前未校准遥控器，导致不能准确控制无人机可能引发危险	
	10	起飞前未校准磁力计，可能导致不能接收GPS信号而引发的危险	
	11	起飞前未检查照相和摄像设备的电量和储存卡的空间，可能因电量和储存卡的空间不足导致不能完成此次作业任务	
	12	飞行中飞控手未能准确判断无人机与带电体的最小安全距离，而引起放电危险	
	13	飞行中作业人员存在精神或体力疲劳现象，可能引起操作失误而发生危险	
	14	飞行中作业人员未能准确判断周围环境、障碍物等，可能使飞行发生危险	
	15	飞行中地面站控制人员未能及时向飞控手准确预报数据情况，飞控手可能因飞行数据判断不准而导致误操作引发危险	

（2）生产现场作业十不干、四不伤害。

序号	内容	宣读确认	检查确认（√）
1	（1）无票的不干； （2）工作任务、危险点不清楚的不干； （3）危险点控制措施未落实的不干； （4）超出作业范围未经审批的不干； （5）未在接地保护范围内的不干； （6）现场安全措施布置不到位、安全工器具不合格的不干； （7）杆塔根部、基础和拉线不牢固的不干； （8）高处作业防坠落措施不完善的不干； （9）有限空间内气体含量未经检测或检测不合格的不干； （10）工作负责人（专责监护人）不在现场的不干		
2	（1）不伤害他人； （2）不伤害自己； （3）不被别人伤害； （4）保护他人不受伤害		

（3）安全措施。

√	序号	内容	责任人签字
	1	起飞前要认真检查设备的机体及螺旋桨是否有破损及裂纹，以及其他各连接部分均正常后才能开机	
	2	起飞前要对各个电器控制部分进行试运行一次，确认无误后才能正式飞行	
	3	起飞平台尽量选择无坡度且开阔的地面过大，尽量保持地面无杂草、沙石等；在确无合适起飞场地时可使用帆布铺设一个临时起飞平台	
	4	起飞前应充分检查起飞场地周围的环境，要避开高大树木、建筑物和微波塔起飞	
	5	起飞前充分掌握天气情况，风力大于 10m/s 禁止飞行（新手可控的风速在 4m/s 左右），雨天禁止飞行	
	6	起飞前要检查通信设备联络畅通（对讲机、耳麦等）	
	7	起飞前要检查无人机和地面控制系统等电池电量，电量要保证能完成此次作业任务	
	8	起飞前应开机确认地面站与遥控器和无人机的数据传输均正常才能飞行	
	9	起飞前应检查遥控器的各个控制杆杆量显示是否正常，如有问题应及时校准遥控器	
	10	起飞前检查 GPS 信号接收是否正常，如有问题应及时校准磁力计	
	11	起飞前检查照相和摄像设备的电量和储存卡的空间，其电量和储存卡的空间应保证能完成此次作业任务	
	12	飞行中飞控手要密切关注无人机的姿态应与带电体保持的最小安全距离，特殊作业时可增设辅助监视人员	
	13	飞行中作业人员要保证有良好的精神状态	
	14	飞行中作业人员要准确判断无人机与周围环境、障碍物的距离且要留有一定的避险余地	
	15	飞行中地面站控制人员要及时向飞控手报地面站上的各项数据，如数据超标要及时提醒飞控手	

2. 操作步骤及内容

√	序号	作业内容	作业步骤及标准	安全措施注意事项	责任人签字
	1	作业准备	工器具与材料检查	任何部件都没有出现裂缝	
			飞行计划交底	系统上面没有松脱的零件	
			作业任务规划	规划应避开空中管制区、重要建筑和设施，尽量避开人员活动密集区、通信阻隔区、无线电干扰区、大风或切变风多发区和森林防火区等地区	
	2	航空摄影	航线规划	根据准备的航摄技术设计、设计航线进行航拍，起飞前，要对航摄仪做基本程序检查，如航摄仪座架、镜头、飞行控制系统及定向系统通电检查，确保电路、机械传动部件、飞行管理软件、数据硬盘记录工作正常，设备各项设置参数正常无误	
			航摄时间规划	摄影时间要求根据地形条件的不同，严格按规范规定的太阳高度角要求选择摄影时间	
	3	相片控制测量	相片控制点选定条件	（1）像控点的目标影像应清晰； （2）布设的控制点应能公用； （3）像控点应选在重叠中线附近； （4）位于自由图边及其他无法成图的图边控制点应布设在图廓线外	
			像控点测量要求		
	4	DEM 制作	（1）建立测区文件； （2）定义作业区域； （3）检查匹配结果； （4）生成 DEM	引入空三加密成果建立测区文件，恢复模型。 定义单模型的作业区域，生成核线影像，对核线影像进行匹配，形成匹配点与等视差曲线。作业区域的确定应尽量靠近控制点连线，对于高差较大的地区，更应注意，防止像对之间出现裂隙。 检查匹配结果，根据需要进行交互立体编辑（区域编辑，点编辑）处理。重点是：高层建筑区、影像模糊区、阴影区、大面积水域、建筑密集区、森林覆盖区以及山谷、山脊地形变换处等。如果局部匹配存在问题，则应增加特征点、特征线。 生成 DEM	
	5	DOM 制作	（1）数字微分纠正； （2）生成 DOM； （3）色调与色彩调整； （4）镶嵌拼接； （5）接边检查； （6）整饰注记； （7）输出影像地图数据	根据单模型 DEM 及相片内外方位元素、影像分辨率，采用微分纠正方法进行纠正及影像重采样，生成单模型 DOM	
				影像镶嵌前，应检查相邻各片之间的色调或彩色偏差，根据需要采用图像处理方法进行调整，使之基本趋于一致	
				根据图廓坐标来设定镶嵌范围，指定文件存放路径。执行影像镶嵌命令，对于穿房子、穿桥等破坏地物导致地物不完整的镶嵌线，要人工干预修改，并使用修改后的镶嵌线自动拼成整幅的 DOM	

续表

<table>
<tr><th>√</th><th>序号</th><th>作业内容</th><th>作业步骤及标准</th><th>安全措施注意事项</th><th>责任人签字</th></tr>
<tr><td rowspan="2"></td><td rowspan="2">6</td><td rowspan="2">质量检查</td><td>飞行质量检查</td><td rowspan="2">（1）相片重叠度检查；
（2）相片旋转角：
航摄比例尺；
图廓覆盖；
分区覆盖；
云影检查；
检查影像色彩亮度是否协调一致</td><td rowspan="2"></td></tr>
<tr><td>影像质量检查</td></tr>
<tr><td></td><td>7</td><td>成果整理与提交</td><td>（1）基础参数及技术设计文件；
（2）观测、检核数据电子文档；
（3）像控点布设、测量数据；
（4）高程注记点成果；
（5）技术总结、质量检查报告；
（6）仪器参数等资料；
（7）所作业区域标准分正副射影像图电子版；
（8）所作业区域地形图电子版；
（9）所需提交的其他材料</td><td></td><td></td></tr>
<tr><td colspan="6">人员确认签字：</td></tr>
</table>

（七）现场作业结束

工作单（票）终结

序号	工作内容或要求
1	工作终结后，工作负责人应及时报告工作许可人，报告方法可采用：当面报告、电话报告
2	编制工作终结报告，包括下列内容：工作负责人姓名、工作班组名称、工作任务（说明线路名称、巡检飞行的起止杆塔号等）已经结束，无人机巡检系统已经回收，工作终结
3	已终结的工作单（票）应保存一年

（八）标准化作业指导书执行情况评估

<table>
<tr><td rowspan="4">评估内容</td><td rowspan="2">符合性</td><td>优</td><td></td><td>可操作项</td><td></td></tr>
<tr><td>良</td><td></td><td>不可操作项</td><td></td></tr>
<tr><td rowspan="2">可操作性</td><td>优</td><td></td><td>修改项</td><td></td></tr>
<tr><td>良</td><td></td><td>遗漏项</td><td></td></tr>
<tr><td>存在问题</td><td colspan="5"></td></tr>
<tr><td>改进意见</td><td colspan="5"></td></tr>
</table>

（九）设备入库

序号	工作内容或要求
1	当天巡检作业结束后，应按所用无人机巡检要求进行检查和维护工作，对外观及关键零部件进行检查
2	当天巡检作业结束后，应清理现场，核对设备和工器具清单，确认现场无遗漏
3	当天巡检作业结束后，应将电池取出，并按要求进行保管
4	对于无人机自主巡检作业，应对作业航线进行检查、分析，若有调整应及时更新航线数据库中对应信息
5	库房管理人员依据归还清单上所列的名称、数量、型号进行核对、清点，并检查好设备的质量，做到数量、规格准确无误，质量完好无损，配套齐全，经检查合格后，领用人在签收单上签字后，方可入库

（十）班后会及工作总结

序号	工作内容或要求
1	对无人机精细化巡检影像资料及数据进行归档整理
2	对无人机红外测温影像资料进行归档和分析，存在温度异常及时上报
3	填写班后会记录
4	对工作单（票）进行审核及归档、备查

十六、固定翼无人机激光点云采集作业

（一）适用范围

本指导书适用于220kV及以上输电线路固定翼无人机激光点云采集工作。

（二）引用文件

GB/T 18037—2000　带电作业工具基本技术要求与设计导则

GB/T 14286—2002　带电作业工具设备术语

国家电网公司电力安全工作规程（线路部分）

110kV～500kV架空送电线路设计技术规程

110kV～500kV架空电力线路施工及验收规范

DL/T 741　架空输电线路运行规程

750kV线路带电作业技术导则

750kV线路带电作业管理规定

国家电网公司架空输电线路无人机巡检作业管理规定

（三）术语及定义

下列术语和定义适用于本现场作业指导书。

激光雷达是一项遥感技术，它利用激光对地球表面以 x、y 和 z 测量值方式进行密集采样。

点云在同一空间参考系下表达目标空间分布和目标表面特性的海量点集合。

LAS格式是一种用于激光雷达数据交换的开放式/已发布标准文件格式。

（四）班前会及作业前准备

1. 现场勘察

（1）应确认作业现场天气情况是否满足作业条件。

（2）雾、雪、大雨、冰雹、风力大于 10m/s 等恶劣天气不宜作业。

（3）应确认线路周围地形地貌，是山地、丘陵、城镇还是乡村等。

（4）应确认作业现场空域情况。

① 禁飞区。由国家划设的，未按照国家有关规则经特别批准，任何航空器不得飞入的空间。

② 管控区域。为维护空中交通秩序、保障空中交通安全和国家安全，按照国家有关法规划设，对航空器在空间内活动应遵守的规则、方式和时间等进行了规定和限制的区域。民用航空的空中管制区包括塔台管制区、进近管制区和区域管制区等，此外还包括但不限于以下区域：

序号	区域	定义
1	空中禁区	由国家划设的，未按照国家有关规则经特别批准，任何航空器不得飞入的空间
2	空中限制区	由管制部门划设的，在规定时限内，未经管制部门许可的航空器禁止飞入的空间
3	空中危险区	由管制部门划设，供对空射击或者发射使用的，在规定时限内，禁止无关航空器飞入的空间

③ 空域申请。

序号	工作项目	工作内容或要求
1	遵守政策法规	无人机巡检作业应严格按国家相关政策法规、当地民航军管等要求规范化使用空域
2	确认飞行作业区域	工作任务签发前应确认飞行作业区域是否处于空中管制区：未经空中交通管制批准，不得在管制空域内飞行
3	办理空域审批手续	作业执行单位应根据无人机巡检作业计划，按相关要求办理空域审批手续，并密切跟踪当地空域变化情况
4	注意事项	实际飞行巡检范围不应超过批复的空域

（5）应确认巡检线路图。

序号	工作项目	工作内容或要求
1	确认巡检情况	确认巡检作业线路杆塔的类型、坐标高度、线路周围地形地貌和周边交叉跨越情况

续表

序号	工作项目	工作内容或要求
2	航线规划	应根据巡检线路的杆塔坐标、塔高等技术参数，结合线路途经区域地图和现场勘察情况绘制航线，制定巡检方式、起降位置及安全策略。 航线规划应避开空中管制区、重要建筑和设施，尽量避开人员活动密集区、通信阻隔区、无线电干扰区、大风或切变风多发区和森林防火区等地区。对首次进行无人机巡检作业的线段，航线规划时应留有充足裕量，与以上区域保持足够的安全距离
3	资料查阅	（1）巡检前，作业人员应明确固定翼激光点云采集流程： 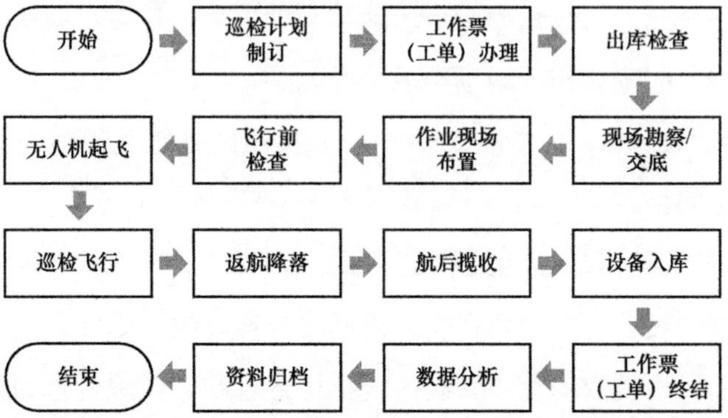 开始 → 巡检计划制订 → 工作票（工单）办理 → 出库检查 → 现场勘察/交底 → 作业现场布置 → 飞行前检查 → 无人机起飞 → 巡检飞行 → 返航降落 → 航后撤收 → 设备入库 → 工作票（工单）终结 → 数据分析 → 资料归档 → 结束 （2）根据巡检任务进行资料查阅，查阅巡检线路台账及卫星地图等资料，掌握杆塔等巡检设备型号参数、坐标高度及巡检线路周围地形地貌和周边交叉跨越情况

2. 无人机系统的配置清单

√	序号	名称	型号/规格	单位	数量	备注

3. 仪器仪表及工器具

序号	名称	单位	数量
1	安全帽	顶	
2	望远镜	台	
3	对讲机	台	
4	激光测距仪	台	
5	风速风向仪	台	
6	激光雷达	台	

4. 出库检查

序号	情况分类	工作内容或要求
1	若无问题	设备出库时，领用人员需当场确认无人机及配件的规格型号和数量，并检查外观及质量，核实无误后在领用单上签字确认
2	若有问题	领用人及时更换完好的无人机或配件，核实无误后在领用单上签字确认

5. 工作人员组成

组成	能力要求	职责分工	
工作负责人	工作负责人负责全面组织巡检工作开展，负责现场飞行安全		
工作班成员	（1）本年度安规考试成绩合格，具有一定现场运行经验； （2）作业人员应满足无人机资格证要求，取得民航局颁发的无人驾驶航空器资格证书，机型为固定翼无人机； （3）作业人员应熟悉掌握无人机的组装和构成； （4）作业人员应熟悉掌握输电线路运行规程； （5）作业人员应熟悉工作业务范围及工作内容	操控手	负责固定翼无人机人工起降操控、设备准备、检查、撤收
		程控手	负责程控固定翼无人机飞行、遥测信息监测、设备准备、检查、航线规划、撤收
		任务手	负责任务设备操作、现场环境观察、图传信息监测、设备准备、检查、撤收
		地勤人员	负责针对无人机的保养护理，不直接参与无人机执行任务时的控制

6. 办理工作单（票）

序号	工作内容或要求
1	工作单（票）由工作负责人或工作单（票）签发人填写，工作单由工作负责人填写
2	工作单（票）应用黑色或蓝色的钢（水）笔或圆珠笔填写与签发，内容应正确，填写应清楚，不得任意涂改。如有个别错、漏字需要修改时，应使用规范的符号，字迹应清楚
3	工作单（票）一式两份，应提前分别交给工作负责人和工作许可人
4	用计算机生成或打印的工作单（票）应使用统一的票面格式。工作单（票）应由工作单（票）签发人审核无误，并手工或电子签名后方可执行
5	工作单（票）由设备运维管理单位（部门）签发，也可由经设备运维管理单位（部门）审核合格且经批准的运行检修单位签发
6	运行检修单位的工作单（票）签发人、工作许可人和工作负责人名单应事先送有关设备运维管理单位（部门）备案
7	同一张工作单（票）中，工作单（票）签发人、工作许可人、工作负责人（监护人）不得兼任，且以上均不能为工作班成员。同一张工作单上，工作许可人、工作负责人（监护人）不得兼任

7. 填写作业指导书

序号	工作内容或要求
1	作业指导书应用黑色或蓝色的钢（水）笔或圆珠笔填写与签发
2	内容应正确，填写应清楚，不得任意涂改
3	如有个别错、漏字需要修改时，应使用规范的符号，字迹应清楚

（五）现场准备

1. 现场复勘

序号	工作内容或要求
1	作业前使用风速仪进行风力等级检测，风力大于5级及以上严禁开展巡检作业
2	如遇雷、雨、雪、大雨、冰雹等恶劣天气严禁作业
3	输电线路在跨越高速铁路两侧杆塔时，严禁无人机巡检作业

2. 布置作业现场

序号	工作项目	工作内容或要求
1	使用工作围栏划分不同的功能区	（1）现场应使用工作围栏划分不同的功能区，功能区包括地面站操作区、无人机起降区、工器具摆放区等，各功能区应有明显区分； （2）起降区周围应设安全围栏，禁止行人和其他无关人员逗留，特别是在起降过程中，需时刻注意保持与无关人员的安全距离
2	选择合适的起降场地	（1）起降场地应为不小于 2m×2m 大小的平整地面； （2）巡检全过程中，起降场地与无人机应保持通视，保证遥控、通信质量良好； （3）起降场地周围应无高大建筑、线路、树木等障碍物或地下电缆等干扰源； （4）尽量避免将起降场地设在巡检线路或无人机飞行路径下方、交通繁忙道路及人口密集区附近。 注意事项：若起降区地面尘土、砂砾、树枝等杂物较多，应铺设帆布，防止无人机起飞时杂物卷入螺旋桨面或机体内造成意外
3	架设地面站（如需）	选定起降区后，在其附近的合适位置架设地面站，架设地面站时，通信天线应确保在巡检全过程中与无人机无遮挡，保持通信质量良好
4	布置现场	现场布置应保持整洁、有序，工器具放置整齐

3. 作业分工

序号	工作人员	数量	作业分工
1	工作负责人	1名	负责全面组织激光点云采集工作开展，负责现场作业安全
2	操控手	1名	负责无人机起降操控、设备准备、检查、撤收
3	程控手	1名	负责程控无人机飞行、遥测信息监测、设备准备、检查、航线规划、撤收
4	任务手	1名	负责任务设备操作、现场环境观察、图传信息监测、设备准备、检查、撤收
5	地勤人员	1名	负责针对无人机的保养护理，不直接参与无人机执行任务时的控制，协助工作负责人对无人机设备进行收纳和检查

（六）作业程序

1. 宣读工作单（票）及安全注意事项（进行三交代）

（1）危险点分析。

√	序号	工作危险点	责任人签字
	1	起飞前未充分检查设备的各连接部分是否正常，工作中可能发生故障引起危险	
	2	起飞前未充分检查设备的各电器控制部分是否正常，工作中可能发生故障引起危险	
	3	起飞平台地点选择不合理（地面坡度过大或地面有沙石），可能引起侧翻或损伤电机的危险	
	4	起飞前未充分检查起飞环境是否具备飞行条件，飞行中可能发生碰撞或信号干扰引起危险	
	5	起飞前未充分掌握当天天气情况是否具备飞行条件，在飞行过程中遇到影响作业的天气变化，可能导致飞行作业危险性增加	
	6	起飞前通信设备未检查，可能导致飞行中交流不畅引起危险	
	7	起飞前未检查无人机和地面控制系统等电池电量，可能因电量不足导致飞行失控引起危险	
	8	起飞前未检查地面站软件，可能因下行链路数据不正常引起危险	
	9	起飞前未校准遥控器，导致不能准确控制无人机可能引发危险	
	10	起飞前未校准磁力计，可能导致不能接收 GPS 信号而引发危险	
	11	起飞前未检查照相和摄像设备的电量和储存卡的空间，可能因电量和储存卡的空间不足导致不能完成此次作业任务	
	12	飞行中飞控手未能准确判断无人机与带电体的最小安全距离，而引起放电危险	
	13	飞行中作业人员存在精神或体力疲劳现象，可能引起操作失误而发生危险	
	14	飞行中作业人员未能准确判断周围环境、障碍物等，可能使飞行发生危险	
	15	飞行中地面站控制人员未能及时向飞控手准确预报数据情况，飞控手可能因飞行数据判断不准而导致误操作引发危险	

（2）生产现场作业十不干、四不伤害。

序号	内容	宣读确认	检查确认（√）
1	（1）无票的不干； （2）工作任务、危险点不清楚的不干； （3）危险点控制措施未落实的不干； （4）超出作业范围未经审批的不干； （5）未在接地保护范围内的不干； （6）现场安全措施布置不到位、安全工器具不合格的不干； （7）杆塔根部、基础和拉线不牢固的不干； （8）高处作业防坠落措施不完善的不干； （9）有限空间内气体含量未经检测或检测不合格的不干； （10）工作负责人（专责监护人）不在现场的不干		

续表

序号	内容	宣读确认	检查确认（√）
2	（1）不伤害他人； （2）不伤害自己； （3）不被别人伤害； （4）保护他人不受伤害		

（3）安全措施。

√	序号	内容	责任人签字
	1	起飞前要认真检查设备的机体及螺旋桨是否有破损及裂纹，以及其他各连接部分均正常后才能开机	
	2	起飞前要对各个电器控制部分进行试运行一次，确认无误后才能正式飞行	
	3	起飞平台尽量选择无坡度且开阔的地面过大，尽量保持地面无杂草、沙石等；在确无合适起飞场地时可使用帆布铺设一个临时起飞平台	
	4	起飞前应充分检查起飞场地周围的环境，要避开高大树木、建筑物和微波塔起飞	
	5	起飞前充分掌握天气情况，风力大于 10m/s 禁止飞行（新手可控的风速在 4m/s 左右），雨天禁止飞行	
	6	起飞前要检查通信设备联络畅通（对讲机、耳麦等）	
	7	起飞前要检查无人机和地面控制系统等电池电量，电量要保证能完成此次作业任务	
	8	起飞前应开机确认地面站与遥控器和无人机的数据传输均正常才能飞行	
	9	起飞前应检查遥控器的各个控制杆杆量显示是否正常，如有问题应及时校准遥控器	
	10	起飞前检查 GPS 信号接收是否正常，如有问题应及时校准磁力计	
	11	起飞前检查照相和摄像设备的电量和储存卡的空间，其电量和储存卡的空间应保证能完成此次作业任务	
	12	飞行中飞控手要密切关注无人机的姿态应与带电体保持的最小安全距离，特殊作业时可增设辅助监视人员	
	13	飞行中作业人员要保证有良好的精神状态	
	14	飞行中作业人员要准确判断无人机与周围环境、障碍物的距离且要留有一定的避险余地	
	15	飞行中地面站控制人员要及时向飞控手报地面站上的各项数据，若数据超标要及时提醒飞控手	

2. 操作步骤及内容

√	序号	作业内容	作业步骤及标准	安全措施注意事项	责任人签字
	1	航线规划	导入杆塔坐标 核实所有杆塔坐标是否有偏移 统计数据，合理的规划航飞带宽及航飞线路	首先导入所有杆塔坐标，通过使用最新 google 地球软件，通过软件核实所有杆塔坐标是否有偏移，杆塔线路周围的是否有障碍，杆塔线路高程是否对航线有影响等，综合统计数据合理的规划航飞带宽及航飞线路	

续表

√	序号	作业内容	作业步骤及标准	安全措施注意事项	责任人签字
	2	安全策略设置	观察无人机起降时的飞行姿态 根据不同飞行场景设置必要的安全护栏 无人机起降坪，反光标识警示正在无人机作业	在规划每日飞行的航线线路时，通过 google 地球软件选取地形相对平坦、人烟稀少、视线开阔的飞行起降点，能够良好地观察无人机起降时的飞行姿态，提高飞行起降时的安全性。另外根据不同飞行场景设置必要的安全护栏，无人机起降坪，反光标识警示正在无人机作业	
	3	航前检查	无人机飞行前检查	（1）机体检查。 （2）相机检查。 （3）飞控检查。 （4）起飞前要检查进行航拍相机与飞控系统是否连接，降落伞包处于待命状态，与风向平行、无人员车辆走动等。 （5）机载激光雷达设备核查	
	4	巡航监控	通过无人机配备的地面站软件来对巡航线路监控	无人机起飞时通过地面站监测无人机的海拔高度是否正确，是否行进至航线起始点，无人机起飞电压是否在安全范围内。 无人机行进在航线过程当中实时监控航线是否有偏移，无人机在行进过程中是否有掉高现象。 无人机返航时人工望远镜监控无人机飞行姿态，通过地面站监测无人机下降速度是否稳定，使无人机平稳降落	
	5	航后检查	返航降落后，对无人机整体进行检查，确保下次能够安全飞行	（1）无人机返航降落后首先检查机械部分相关零部件外观，检查螺旋桨是否完好，表面是否有污渍和裂纹等（如有损坏应及时更换，以防止在飞行中飞机震动太大导致意外）。 （2）检查电机是否紧固，有无松动等现象（如发现电机安装不紧固，使用相应工具将电机安装固定好）用手转电机查看电机旋转是否有卡涩现象，电机线圈内部是否干净，电机轴有无明显的弯曲。 （3）检查机架是否牢固，螺丝有无松动现象。 检查完以上项目后，确保无人机能够安全飞行后，即可下次飞行	
	6	工作终结汇报	（1）确认所拍视频和照片符合作业任务要求。 （2）清理现场及工具，工作负责人全面检查工作完成情况，清点人数，无误后，宣布工作结束，撤离施工现场	—	

人员确认签字：

（七）现场作业结束

工作单（票）终结

序号	工作内容或要求
1	工作终结后，工作负责人应及时报告工作许可人，报告方法可采用：当面报告、电话报告
2	编制工作终结报告，包括下列内容：工作负责人姓名、工作班组名称、工作任务（说明线路名称、巡检飞行的起止杆塔号等）已经结束，无人机巡检系统已经回收，工作终结
3	已终结的工作单（票）应保存一年

（八）标准化作业指导书执行情况评估

<table>
<tr><td rowspan="4">评估内容</td><td rowspan="2">符合性</td><td>优</td><td></td><td>可操作项</td><td></td></tr>
<tr><td>良</td><td></td><td>不可操作项</td><td></td></tr>
<tr><td rowspan="2">可操作性</td><td>优</td><td></td><td>修改项</td><td></td></tr>
<tr><td>良</td><td></td><td>遗漏项</td><td></td></tr>
<tr><td>存在问题</td><td colspan="5"></td></tr>
<tr><td>改进意见</td><td colspan="5"></td></tr>
</table>

（九）设备入库

序号	工作内容或要求
1	当天巡检作业结束后，应按所用无人机巡检要求进行检查和维护工作，对外观及关键零部件进行检查
2	当天巡检作业结束后，应清理现场，核对设备和工器具清单，确认现场无遗漏
3	当天巡检作业结束后，应将电池取出，并按要求进行保管
4	对于无人机自主巡检作业，应对作业航线进行检查、分析，若有调整应及时更新航线数据库中对应的信息
5	库房管理人员依据归还清单上所列的名称、数量、型号进行核对、清点，并检查好设备的质量，做到数量、规格准确无误，质量完好无损，配套齐全，经检查合格，领用人在签收单上签字后，方可入库

（十）班后会及工作总结

序号	工作内容或要求
1	对无人机精细化巡检影像资料及数据进行归档整理
2	对无人机红外测温影像资料进行归档和分析，存在温度异常及时上报
3	填写班后会记录
4	对工作单（票）进行审核及归档、备查

十七、固定翼无人机通道巡检作业

（一）适用范围

本指导书适用于 220kV 及以上输电线路开展固定翼无人机通道巡检作业。

（二）引用文件

GB/T 18037—2000　带电作业工具基本技术要求与设计导则

GB/T 14286—2002　带电作业工具设备术语

国家电网公司电力安全工作规程（线路部分）

110～500kV 架空送电线路设计技术规程

110～500kV 架空电力线路施工及验收规范

DL/T 741　架空输电线路运行规程

750kV 线路带电作业技术导则

750kV 线路带电作业管理规定

国家电网公司架空输电线路无人机巡检作业管理规定

（三）术语及定义

下列术语和定义适用于本现场作业指导书。

日常巡视：为了经常掌握线路各部件运行情况及沿线情况，及时发现设备缺陷和威胁线路安全运行情况的无人机巡视。

特殊巡视：在特殊情况下或根据特殊需求，应用无人机对线路进行巡视。

故障巡视：线路发生故障后，在特点线路区段为查找故障点而进行的无人机巡视工作。

灾情巡查：在恶劣气候、地质灾害发生后，采用无人机对该区段的线路进行巡视，检查设备运行状态及通道走廊环境变化情况。

（四）班前会及作业前准备

1. 现场勘察

（1）应确认作业现场天气情况是否满足作业条件。

（2）雾、雪、大雨、冰雹、风力大于 10m/s 等恶劣天气不宜作业。

（3）应确认线路周围地形地貌，是山地、丘陵、城镇还是乡村等。

（4）应确认作业现场空域情况。

① 禁飞区。由国家划设的，未按照国家有关规则经特别批准，任何航空器不得飞入的空间。

② 管控区域。为维护空中交通秩序、保障空中交通安全和国家安全，按照国家有关法规划设，对航空器在空间内活动应遵守的规则、方式和时间等进行了规定和限制的区域。民用航空的空中管制区包括塔台管制区、进近管制区和区域管制区等，此外还包括但不限于以下区域。

序号	区域	定义
1	空中禁区	由国家划设的，未按照国家有关规则经特别批准，任何航空器不得飞入的空间
2	空中限制区	由管制部门划设的，在规定时限内，未经管制部门许可的航空器禁止飞入的空间
3	空中危险区	由管制部门划设，供对空射击或者发射使用的，在规定时限内，禁止无关航空器飞入的空间

③ 空域申请。

序号	工作项目	工作内容或要求
1	遵守政策法规	无人机巡检作业应严格按国家相关政策法规、当地民航军管等要求规范化使用空域
2	确认飞行作业区域	工作任务签发前应确认飞行作业区域是否处于空中管制区：未经空中交通管制批准，不得在管制空域内飞行
3	办理空域审批手续	作业执行单位应根据无人机巡检作业计划，按相关要求办理空域审批手续，并密切跟踪当地空域变化情况
4	注意事项	实际飞行巡检范围不应超过批复的空域

④ 作业任务规划。确定作业线路杆塔地点，结合卫星地图，做好飞行路线规划，输出飞行示意图。务必交中心作业管理专责审核后，方可飞行。

（5）应确认巡检线路图。

序号	工作项目	工作内容或要求
1	确认巡检情况	确认巡检作业线路杆塔的类型、坐标及高度、线路周围地形地貌和周边交叉跨越情况
2	航线规划	应根据巡检线路的杆塔坐标、塔高等技术参数，结合线路途经区域地图和现场勘察情况绘制航线，制定巡检方式、起降位置及安全策略。 航线规划应避开空中管制区、重要建筑和设施，尽量避开人员活动密集区、通信阻隔区、无线电干扰区、大风或切变风多发区和森林防火区等地区。对首次进行无人机巡检作业的线段，航线规划时应留有充足裕量，与以上区域保持足够的安全距离
3	资料查阅	（1）巡检前，作业人员应明确无人机巡检作业流程： 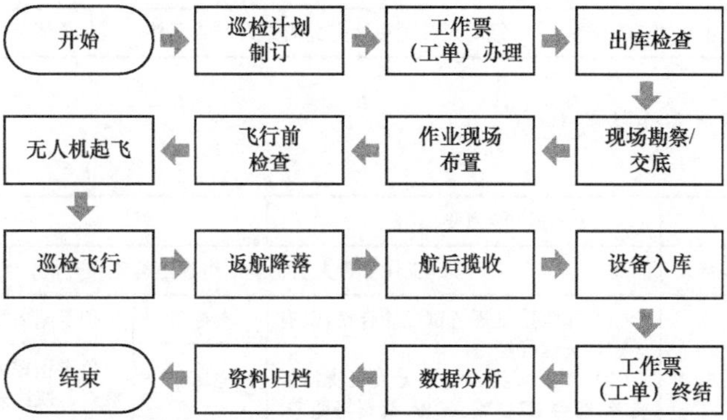 开始 → 巡检计划制订 → 工作票（工单）办理 → 出库检查 → 现场勘察/交底 → 作业现场布置 → 飞行前检查 → 无人机起飞 → 巡检飞行 → 返航降落 → 航后揽收 → 设备入库 → 工作票（工单）终结 → 数据分析 → 资料归档 → 结束 （2）根据巡检任务进行资料查阅，查阅巡检线路台账及卫星地图等资料，掌握杆塔等巡检设备型号参数、坐标高度及巡检线路周围地形地貌和周边交叉跨越情况

2. 无人机系统的配置清单

√	序号	名称	型号/规格	单位	数量	备注

3. 仪器仪表及工器具

序号	名称	单位	数量
1	安全帽	顶	
2	望远镜	台	

续表

序号	名称	单位	数量
3	对讲机	台	
4	防护眼镜	副	
5	风速风向仪	台	
6	药品箱	个	

4. 出库检查

序号	情况分类	工作内容或要求
1	若无问题	设备出库时，领用人员需当场确认无人机及配件的规格型号和数量，并检查外观及质量，核实无误后在领用单上签字确认
2	若有问题	领用人及时更换完好的无人机或配件，核实无误后在领用单上签字确认

5. 工作人员组成

组成	能力要求	职责分工	
工作负责人	工作负责人负责全面组织巡检工作开展，负责现场飞行安全		
工作班成员	（1）本年度安规考试成绩合格，具有一定现场运行经验。 （2）作业人员应满足无人机资格证要求，取得 UTC 或 AOPA 等资格证书。 （3）作业人员应熟悉掌握无人机的组装和构成。 （4）作业人员应熟悉掌握输电线路运行规程。 （5）作业人员应熟悉工作业务范围及工作内容	操控手	负责无人机人工起降操控、设备准备、检查、撤收
		程控手	负责程控无人机飞行、遥测信息监测、设备准备、检查、航线规划、撤收
		任务手	负责任务设备操作、现场环境观察、图传信息监测、设备准备、检查、撤收
		地勤人员	负责针对无人机的保养护理，不直接参与无人机执行任务时的控制

6. 办理工作单（票）

序号	工作内容或要求
1	工作单（票）由工作负责人或工作单（票）签发人填写，工作单由工作负责人填写
2	工作单（票）应用黑色或蓝色的钢（水）笔或圆珠笔填写与签发，内容应正确，填写应清楚，不得任意涂改。如有个别错、漏字需要修改时，应使用规范的符号，字迹应清楚
3	工作单（票）一式两份，应提前分别交给工作负责人和工作许可人
4	用计算机生成或打印的工作单（票）应使用统一的票面格式。工作单（票）应由工作单（票）签发人审核无误，并手工或电子签名后方可执行
5	工作单（票）由设备运维管理单位（部门）签发，也可由经设备运维管理单位（部门）审核合格且经批准的运行检修单位签发
6	运行检修单位的工作单（票）签发人、工作许可人和工作负责人名单应事先送有关设备运维管理单位（部门）备案
7	同一张工作单（票）中，工作单（票）签发人、工作许可人、工作负责人（监护人）不得兼任，且以上均不能为工作班成员。同一张工作单上，工作许可人、工作负责人（监护人）不得兼任

7. 填写作业指导书

序号	工作内容或要求
1	作业指导书应用黑色或蓝色的钢（水）笔或圆珠笔填写与签发
2	内容应正确，填写应清楚，不得任意涂改
3	如有个别错、漏字需要修改时，应使用规范的符号，字迹应清楚

（五）现场准备

1. 现场复勘

序号	工作内容或要求
1	作业前使用风速仪进行风力等级检测，风力大于 5 级及以上严禁开展巡检作业
2	如遇雷、雨、雪、大雨、冰雹等恶劣天气严禁作业
3	输电线路在跨越高速铁路两侧杆塔时，严禁无人机巡检作业

2. 布置作业现场

序号	工作项目	工作内容或要求
1	使用工作围栏划分不同的功能区	（1）现场应使用工作围栏划分不同的功能区，功能区包括地面站操作区、无人机起降区、工器具摆放区等，各功能区应有明显区分。 （2）起降区周围应设安全围栏，禁止行人和其他无关人员逗留，特别是在起降过程中，需时刻注意保持与无关人员的安全距离
2	选择合适的起降场地	（1）起降场地应为不小于 2m×2m 大小的平整地面； （2）巡检全过程中，起降场地与无人机应保持通视，保证遥控、通信质量良好； （3）起降场地周围应无高大建筑、线路、树木等障碍物或地下电缆等干扰源； （4）尽量避免将起降场地设在巡检线路或无人机飞行路径下方、交通繁忙道路及人口密集区附近。 注意事项：若起降区地面尘土、砂砾、树枝等杂物较多，应铺设帆布，防止无人机起飞时杂物卷入螺旋桨面或机体内造成意外
3	架设地面站（如需）	选定起降区后，在其附近的合适位置架设地面站，架设地面站时，通信天线应确保在巡检全过程中与无人机无遮挡，保持通信质量良好
4	布置现场	现场布置应保持整洁、有序，工器具放置整齐

3. 作业分工

序号	工作人员	数量	作业分工
1	工作负责人	1 名	负责全面组织巡检工作开展，负责现场飞行安全
2	操控手	1 名	负责无人机起降操控、设备准备、检查、撤收
3	程控手	1 名	负责程控无人机飞行、遥测信息监测、设备准备、检查、航线规划、撤收
4	任务手	1 名	负责任务设备操作、现场环境观察、图传信息监测、设备准备、检查、撤收
5	地勤人员	1 名	负责针对无人机的保养护理，不直接参与无人机执行任务时的控制，协助工作负责人对无人机设备进行收纳和检查

（六）作业程序

1. 宣读工作单（票）及安全注意事项（进行三交代）

（1）危险点分析。

√	序号	工作危险点	责任人签字
	1	起飞前未充分检查设备的各连接部分是否正常，工作中可能发生故障引起危险	
	2	起飞前未充分检查设备的各电器控制部分是否正常，工作中可能发生故障引起危险	
	3	起飞平台地点选择不合理（地面坡度过大或地面有沙石），可能引起侧翻或损伤电机的危险	
	4	起飞前未充分检查起飞环境是否具备飞行条件，飞行中可能发生碰撞或信号干扰引起危险	
	5	起飞前未充分掌握当天天气情况是否具备飞行条件，在飞行过程中遇到影响作业的天气变化，可能导致飞行作业危险性增加	
	6	起飞前通信设备未检查，可能导致飞行中交流不畅引起危险	
	7	起飞前未检查无人机和地面控制系统等电池电量，可能因电量不足导致飞行失控引起危险	
	8	起飞前未检查地面站软件，可能因下行链路数据不正常引起危险	
	9	起飞前未校准遥控器，导致不能准确控制无人机可能引发危险	
	10	起飞前未校准磁力计，可能导致不能接收 GPS 信号而引发危险	
	11	起飞前未检查照相和摄像设备的电量和储存卡的空间，可能因电量和储存卡的空间不足导致不能完成此次作业任务	
	12	飞行中飞控手未能准确判断无人机与带电体的最小安全距离，而引起放电危险	
	13	飞行中作业人员存在精神或体力疲劳现象，可能引起操作失误而发生危险	
	14	飞行中作业人员未能准确判断周围环境、障碍物等，可能使飞行发生危险	
	15	飞行中地面站控制人员未能及时向飞控手准确预报数据情况，飞控手可能因飞行数据判断不准而导致误操作引发危险	

（2）生产现场作业十不干、四不伤害。

序号	内容	宣读确认	检查确认（√）
1	（1）无票的不干； （2）工作任务、危险点不清楚的不干； （3）危险点控制措施未落实的不干； （4）超出作业范围未经审批的不干； （5）未在接地保护范围内的不干； （6）现场安全措施布置不到位、安全工器具不合格的不干； （7）杆塔根部、基础和拉线不牢固的不干； （8）高处作业防坠落措施不完善的不干； （9）有限空间内气体含量未经检测或检测不合格的不干； （10）工作负责人（专责监护人）不在现场的不干		

续表

序号	内容	宣读确认	检查确认（√）
2	（1）不伤害他人； （2）不伤害自己； （3）不被别人伤害； （4）保护他人不受伤害		

（3）安全措施。

√	序号	内容	责任人签字
	1	起飞前要认真检查设备的机体及螺旋桨是否有破损及裂纹，以及其他各连接部分均正常后才能开机	
	2	起飞前要对各个电器控制部分进行试运行一次，确认无误后才能正式飞行	
	3	起飞平台尽量选择无坡度且开阔的地面过大，尽量保持地面无杂草、沙石等；在确无合适起飞场地时可使用帆布铺设一个临时起飞平台	
	4	起飞前应充分检查起飞场地周围的环境，要避开高大树木、建筑物和微波塔起飞	
	5	起飞前充分掌握天气情况，风力大于10m/s禁止飞行（新手可控的风速在4m/s左右），雨天禁止飞行	
	6	起飞前要检查通信设备联络畅通（对讲机、耳麦等）	
	7	起飞前要检查无人机和地面控制系统等电池电量，电量要保证能完成此次作业任务	
	8	起飞前应开机确认地面站与遥控器和无人机的数据传输均正常才能飞行	
	9	起飞前应检查遥控器的各个控制杆杆量显示是否正常，如有问题应及时校准遥控器	
	10	起飞前检查GPS信号接收是否正常，如有问题应及时校准磁力计	
	11	起飞前检查照相和摄像设备的电量和储存卡的空间，其电量和储存卡的空间应保证能完成此次作业任务	
	12	飞行中飞控手要密切关注无人机的姿态应与带电体保持的最小安全距离，特殊作业时可增设辅助监视人员	
	13	飞行中作业人员要保证有良好的精神状态	
	14	飞行中作业人员要准确判断无人机与周围环境、障碍物的距离且要留有一定的避险余地	
	15	飞行中地面站控制人员要及时向飞控手报地面站上的各项数据，若数据超标要及时提醒飞控手	

2. 操作步骤及内容

√	序号	作业内容	作业步骤及标准	安全措施注意事项	责任人签字
	1	起飞前准备	检查进行航拍相机与飞控系统	（1）起飞前要检查进行航拍相机与飞控系统连接； （2）降落伞包处于待命状态； （3）与风向平行、无人员车辆走动等	
	2	无人机起飞	各项准备工作完毕后，才能起飞，同时飞行员应持手动操作杆待命，观察现场状况	根据需要随时手动调整飞机姿态及飞行高度	

续表

√	序号	作业内容	作业步骤及标准	安全措施注意事项	责任人签字
	3	飞行中检查监测	（1）起飞时间电压总航程； （2）起飞后空速、姿态、油门正常； （3）关注飞行中空速、地速的数据； （4）估算风速大小、方向； （5）GPS 追踪仪监控； （6）数据链情况； （7）关注飞行航线和机头指向； （8）随时检查照片拍摄数量	各项数据显示正常	
	4	回收作业	（1）对讲机通话检查； （2）记录降落时间电压； （3）POS 数据下载保存到安全位置； （4）关闭自驾仪； （5）相片质量和总数与 POS 数据总数对应； （6）关闭相机电源和飞机电源； （7）检查飞机损伤，清洁飞机； （8）叠伞，装入机舱，飞机入箱	当飞行器出现干扰，失控时，切勿慌张。通过逐点来逐步降低高度，并确认在着陆点和它的前一个点之间的距离，相对要下降的高度来说足够远。如飞机有一个相对较平的滑翔角度，可用自动副翼辅助调度	
	5	检查作业效果	现场下载飞行器数据，30min 内浏览照片，查看照片细节，如有异常缺陷、隐患信息，应立即上报		
	6	工作终结汇报	（1）确认所拍视频和照片符合作业任务要求； （2）清理现场及工具，工作负责人全面检查工作完成情况，清点人数，无误后，宣布工作结束，撤离施工现场	—	
人员确认签字：					

（七）现场作业结束

工作单（票）终结

序号	工作内容或要求
1	工作终结后，工作负责人应及时报告工作许可人，报告方法可采用：当面报告、电话报告
2	编制工作终结报告，包括下列内容：工作负责人姓名、工作班组名称、工作任务（说明线路名称、巡检飞行的起止杆塔号等）已经结束，无人机巡检系统已经回收，工作终结
3	已终结的工作单（票）应保存一年

（八）标准化作业指导书执行情况评估

评估内容	符合性	优		可操作项	
		良		不可操作项	
	可操作性	优		修改项	
		良		遗漏项	
存在问题					
改进意见					

（九）设备入库

序号	工作内容或要求
1	当天巡检作业结束后，应按所用无人机巡检要求进行检查和维护工作，对外观及关键零部件进行检查
2	当天巡检作业结束后，应清理现场，核对设备和工器具清单，确认现场无遗漏
3	当天巡检作业结束后，应将电池取出，并按要求进行保管
4	对于无人机自主巡检作业，应对作业航线进行检查、分析，若有调整应及时更新航线数据库中对应的信息
5	库房管理人员依据归还清单上所列的名称、数量、型号进行核对、清点，并检查好设备的质量，做到数量、规格准确无误，质量完好无损，配套齐全，经检查合格，领用人在签收单上签字后，方可入库

（十）班后会及工作总结

序号	工作内容或要求
1	对巡检杆塔的数量、巡检照片的数量进行审核，对发现的缺陷进行命名，并按照无人机缺陷管理规定进行统计和上报
2	对无人机精细化巡检影像资料及数据进行归档整理
3	对无人机红外测温影像资料进行归档和分析，存在温度异常及时上报
4	填写班后会记录
5	对工作单（票）进行审核及归档、备查

十八、多旋翼无人机自主巡检航线规划

（一）适用范围

本指导书适用于220kV及以上多旋翼无人机自主巡检航线规划作业。

（二）引用文件

Q/GDW 11399　架空输电线路无人机巡检作业安全工作规程

GB/T 18037—2008　带电作业工具基本技术要求与设计导则

GB/T 14286—2008　带电作业工具设备术语

（三）术语及定义

自主巡检航线规划利用基于激光点云的输电线路三维模型、人工示教学习模式等方法，规划无人机巡检航点、在各个航点的巡检拍摄距离、相机参数设置等，生成可实际应用的无人机自主巡检航线。

本作业指导书主要采用基于激光点云三维模型的自主巡检航线规划方法。

（四）班前会及作业前准备

1. 现场勘察

（1）应确认作业现场天气情况是否满足作业条件。

（2）雾、雪、大雨、冰雹、风力大于10m/s等恶劣天气不宜作业。

（3）应确认线路周围地形地貌，是山地、丘陵、城镇还是乡村等。

（4）应确认作业现场空域情况。

① 禁飞区。由国家划设的，未按照国家有关规则经特别批准，任何航空器不得飞入的空间。

② 管控区域。为维护空中交通秩序、保障空中交通安全和国家安全，按照国家有关法规划设，对航空器在空间内活动应遵守的规则、方式和时间等进行了规定和限制的区域。民用航空的空中管制区包括塔台管制区、进近管制区和区域管制区等，此外还包括但不限于以下区域。

序号	区域	定义
1	空中禁区	由国家划设的，未按照国家有关规则经特别批准，任何航空器不得飞入的空间
2	空中限制区	由管制部门划设的，在规定时限内，未经管制部门许可的航空器禁止飞入的空间
3	空中危险区	由管制部门划设，供对空射击或者发射使用的，在规定时限内，禁止无关航空器飞入的空间

③ 空域申请。

序号	工作项目	工作内容或要求
1	遵守政策法规	无人机巡检作业应严格按国家相关政策法规、当地民航军管等要求规范化使用空域
2	确认飞行作业区域	工作任务签发前应确认飞行作业区域是否处于空中管制区：未经空中交通管制批准，不得在管制空域内飞行
3	办理空域审批手续	作业执行单位应根据无人机巡检作业计划，按相关要求办理空域审批手续，并密切跟踪当地空域变化情况
4	注意事项	实际飞行巡检范围不应超过批复的空域

（5）核对线路双重称号。

序号	工作内容或要求
1	每条线路都应有双重名称
2	经核对停电检修线路的双重名称无误，验明线路确已停电并挂好地线后，工作负责人方可宣布开始工作
3	在该段线路上工作，登杆塔时要核对停电检修线路的双重名称无误，并设专人监护以防误登有电线路杆塔

2. 无人机航线规划配置清单

√	序号	名称	型号/规格	单位	数量	备注

3. 出库检查

序号	情况分类	工作内容或要求
1	若无问题	设备出库时，领用人员需当场确认无人机及配件的规格型号和数量，并检查外观及质量，核实无误后在领用单上签字确认
2	若有问题	领用人及时更换完好的无人机或配件，核实无误后在领用单上签字确认

4. 办理工作单（票）

序号	工作内容或要求
1	工作单（票）由工作负责人或工作单（票）签发人填写，工作单由工作负责人填写
2	工作单（票）应用黑色或蓝色的钢（水）笔或圆珠笔填写与签发，内容应正确，填写应清楚，不得任意涂改。如有个别错、漏字需要修改时，应使用规范的符号，字迹应清楚
3	工作单（票）一式两份，应提前分别交给工作负责人和工作许可人
4	用计算机生成或打印的工作单（票）应使用统一的票面格式。工作单（票）应由工作单（票）签发人审核无误，并手工或电子签名后方可执行
5	工作单（票）由设备运维管理单位（部门）签发，也可由经设备运维管理单位（部门）审核合格且经批准的运行检修单位签发
6	运行检修单位的工作单（票）签发人、工作许可人和工作负责人名单应事先送有关设备运维管理单位（部门）备案
7	同一张工作单（票）中，工作单（票）签发人、工作许可人、工作负责人（监护人）不得兼任，且以上均不能为工作班成员。同一张工作单上，工作许可人、工作负责人（监护人）不得兼任

5. 填写作业指导书

序号	工作内容或要求
1	作业指导书应用黑色或蓝色的钢（水）笔或圆珠笔填写与签发
2	内容应正确，填写应清楚，不得任意涂改
3	如有个别错、漏字需要修改时，应使用规范的符号，字迹应清楚

（五）现场准备

1. 现场复勘

序号	工作内容或要求
1	作业前使用风速仪进行风力等级检测，风力大于 5 级及以上严禁开展巡检作业
2	如遇雷、雨、雪、大雨、冰雹等恶劣天气严禁作业
3	输电线路在跨越高速铁路两侧杆塔时，严禁无人机巡检作业

2. 布置作业现场

序号	工作项目	工作内容或要求
1	使用工作围栏划分不同的功能区	（1）现场应使用工作围栏划分不同的功能区，功能区包括地面站操作区、无人机起降区、工器具摆放区等，各功能区应有明显区分； （2）起降区周围应设安全围栏，禁止行人和其他无关人员逗留，特别是在起降过程中，需时刻注意保持与无关人员的安全距离
2	选择合适的起降场地	（1）起降场地应为不小于 2m×2m 大小的平整地面； （2）巡检全过程中，起降场地与无人机应保持通视，保证遥控、通信质量良好； （3）起降场地周围应无高大建筑、线路、树木等障碍物或地下电缆等干扰源； （4）尽量避免将起降场地设在巡检线路或无人机飞行路径下方、交通繁忙道路及人口密集区附近。 注意事项：若起降区地面尘土、砂砾、树枝等杂物较多，应铺设帆布，防止无人机起飞时杂物卷入螺旋桨面或机体内造成意外
3	架设地面站（如需）	选定起降区后，在其附近的合适位置架设地面站，架设地面站时，通信天线应确保在巡检全过程中与无人机无遮挡，保持通信质量良好
4	布置现场	现场布置应保持整洁、有序，工器具放置整齐

3. 作业分工

序号	工作人员	数量	作业分工
1	工作负责人	1 名	负责全面组织巡检航线规划工作开展，负责现场飞行安全
2	操控手	1 名	负责无人机起降操控、设备准备、检查、撤收
3	程控手	1 名	负责程控无人机飞行、遥测信息监测、设备准备、检查、航线规划、撤收
4	任务手	1 名	负责任务设备操作、现场环境观察、图传信息监测、设备准备、检查、撤收
5	地勤人员	1 名	负责针对无人机的保养护理，不直接参与无人机执行任务时的控制，协助工作负责人对无人机设备进行收纳和检查

（六）作业程序

1. 宣读工作单（票）及安全注意事项

（1）危险点分析。

√	序号	工作危险点	责任人签字
	1	起飞前未充分检查设备的各连接部分是否正常，工作中可能发生故障引起危险	
	2	起飞前未充分检查设备的各电器控制部分是否正常，工作中可能发生故障引起危险	
	3	起飞平台地点选择不合理（地面坡度过大或地面有沙石），可能引起侧翻或损伤电机的危险	
	4	起飞前未充分检查起飞环境是否具备飞行条件，飞行中可能发生碰撞或信号干扰引起危险	
	5	起飞前未充分掌握当天天气情况是否具备飞行条件，在飞行过程中遇到影响作业的天气变化，可能导致飞行作业危险性增加	

续表

√	序号	工作危险点	责任人签字
	6	起飞前通信设备未检查，可能导致飞行中交流不畅引起危险	
	7	起飞前未检查无人机和地面控制系统等电池电量，可能因电量不足导致飞行失控引起危险	
	8	起飞前未检查地面站软件，可能因下行链路数据不正常引起危险	
	9	起飞前未校准遥控器，导致不能准确控制无人机可能引发危险	
	10	起飞前未校准磁力计，可能导致不能接收 GPS 信号而引发危险	
	11	起飞前未检查照相和摄像设备的电量和储存卡的空间，可能因电量和储存卡的空间不足导致不能完成此次作业任务	
	12	飞行中飞控手未能准确判断无人机与带电体的最小安全距离，而引起放电危险	
	13	飞行中作业人员存在精神或体力疲劳现象，可能引起操作失误而发生危险	
	14	飞行中作业人员未能准确判断周围环境、障碍物等，可能使飞行发生危险	
	15	飞行中地面站控制人员未能及时向飞控手准确预报数据情况，飞控手可能因飞行数据判断不准而导致误操作引发危险	

（2）生产现场作业十不干、四不伤害。

序号	内容	宣读确认	检查确认（√）
1	（1）无票的不干； （2）工作任务、危险点不清楚的不干； （3）危险点控制措施未落实的不干； （4）超出作业范围未经审批的不干； （5）未在接地保护范围内的不干； （6）现场安全措施布置不到位、安全工器具不合格的不干； （7）杆塔根部、基础和拉线不牢固的不干； （8）高处作业防坠落措施不完善的不干； （9）有限空间内气体含量未经检测或检测不合格的不干； （10）工作负责人（专责监护人）不在现场的不干		
2	（1）不伤害他人； （2）不伤害自己； （3）不被别人伤害； （4）保护他人不受伤害		

（3）安全措施。

√	序号	内容	责任人签字
	1	起飞前要认真检查设备的机体及螺旋桨是否有破损及裂纹，以及其他各连接部分均正常后才能开机	
	2	起飞前要对各个电器控制部分进行试运行一次，确认无误后才能正式飞行	
	3	起飞平台尽量选择无坡度且开阔的地面过大，尽量保持地面无杂草、沙石等；在确无合适起飞场地时可使用帆布铺设一个临时起飞平台	
	4	起飞前应充分检查起飞场地周围的环境，要避开高大树木、建筑物和微波塔起飞	

续表

√	序号	内容	责任人签字
	5	起飞前充分掌握天气情况，风力大于 10m/s 禁止飞行（新手可控的风速在 4m/s 左右），雨天禁止飞行	
	6	起飞前要检查通信设备联络畅通（对讲机、耳麦等）	
	7	起飞前要检查无人机和地面控制系统等电池电量，电量要保证能完成此次作业任务	
	8	起飞前应开机确认地面站与遥控器和无人机的数据传输均正常才能飞行	
	9	起飞前应检查遥控器的各个控制杆杆量显示是否正常，如有问题应及时校准遥控器	
	10	起飞前检查 GPS 信号接收是否正常，如有问题应及时校准磁力计	
	11	起飞前检查照相和摄像设备的电量和储存卡的空间，其电量和储存卡的空间应保证能完成此次作业任务	
	12	飞行中飞控手要密切关注无人机的姿态应与带电体保持的最小安全距离，特殊作业时可增设辅助监视人员	
	13	飞行中作业人员要保证有良好的精神状态	
	14	飞行中作业人员要准确判断无人机与周围环境、障碍物的距离且要留有一定的避险余地	
	15	飞行中地面站控制人员要及时向飞控手报地面站上的各项数据，若数据超标要及时提醒飞控手	

2. 操作步骤及内容

√	序号	作业内容	作业步骤及标准	安全措施注意事项	责任人签字
	1	无人机检查	机体检查	任何部件都没有出现裂缝	
			各连接部分检查	设备没有松脱的零件	
			螺旋桨检查	螺旋桨没有折断或者损坏	
	2	起飞前环境检查	起飞平台选择	无人机放置在平坦的地面，保证机体平稳，起飞地点尽量避免有沙石、纸屑等杂物	
			起飞风速检测	飞行时风速应不大于 8m/s	
			起飞地点与障碍物的控制	无人机起飞点离障碍物的距离应保持在 20m 以上	
			起飞点信号干扰控制	对 GPS 信号和磁力计不存在干扰，保证 GPS 的卫星颗数不少于 12 颗	
	3	起飞前电量检查	无人机动力电池电量	用电池电量显示仪对电池进行测试，无人机电池显示参数符合起飞要求	
			遥控器供电	每次飞行时一定要把遥控器电池充满电，保证不会因为电量的原因导致遥控器无法控制无人机；遥控器的频率必须与无人机接的频率一致	
			地面站供电	携带足够的设备电池，保证地面站电脑的电池能满足该次作业的要求，不要出现在飞行过程中地面站电脑电量不足而关机的情况	

续表

√	序号	作业内容	作业步骤及标准	安全措施注意事项	责任人签字
	4	起飞	（1）双摇杆外八字下拉到底，电机启动，无人机进入起飞状态； （2）将油门轻推至 70%左右无人机便可以起飞	（1）启动螺旋桨后，观察各螺旋桨的工作状态是否正常； （2）起飞后先低空（10m 左右）悬停，观察无人机的姿态是否稳定以及地面站的各项数据是否正常； （3）注意在飞行过程中，切不可将摇杆同时外八字下拉到底	
	5	航线规划作业	（1）确认巡检作业线路杆塔的类型、坐标及高度、线路周围地形地貌和周边交叉跨越情况； （2）激光点云扫描采集； （3）建立激光点云的输电线路三维模型，采用航线规划软件生成航线。根据巡检线路的杆塔坐标、塔高等技术参数，结合线路途经区域地图和现场勘查情况，绘制航线，制定巡检方式、起降位置及安全策略	航线规划应避开空中管制区、重要建筑和设施，尽量避开人员活动密集区、通信阻隔区、无线电干扰区、大风或切变风多发区和森林防火区等地区。对首次进行无人机巡检作业的线段，航线规划时应留有充足裕量，与以上区域保持足够的安全距离。航线规划后，现场作业时根据线路实际运行环境，开展一次主航线验证，动态调整、更新航线	
	6	返回地面	返航时杆量应柔和	飞控手不允许使用直接大杆量减油门的方式降落，避免造成坠机。在降高时应采用左右横移同时降低高度的方式降落，也可以采用转圈的方式降落	
			降至一定高度时应保证无人机的姿态	当无人机高度降到 10m 左右时要保持无人机在飞控手的正前方以便于控制，同时杆量应柔和，让无人机匀速下降	
			着陆要果断	无人机因地效的缘故在快要接地时会出现姿态不稳的现象（类似回弹的现象），此时应果断减油门使其降落	
	7	工作终结汇报	（1）确认所拍视频和照片符合作业任务要求。 （2）清理现场及工具，工作负责人全面检查工作完成情况，清点人数，无误后，宣布工作结束，撤离施工现场	—	
人员确认签字：					

（七）现场作业结束

工作单（票）终结

序号	工作内容或要求
1	工作终结后，工作负责人应及时报告工作许可人，报告方法可采用：当面报告、电话报告
2	编制工作终结报告，包括下列内容：工作负责人姓名、工作班组名称、工作任务（说明线路名称、巡检飞行的起止杆塔号等）已经结束，无人机巡检系统已经回收，工作终结
3	已终结的工作单（票）应保存一年

（八）航线规划

序号	工作内容或要求
1	在航线规划软件中逐一输入无人机的起飞点 0 的坐标（x0，y0），侦察点的数量 n，无人机的航程 m，以及各侦察点 i 的坐标（xi，yi）
2	生成无人机的侦察航线

（九）标准化作业指导书执行情况评估

<table>
<tr><td rowspan="4">评估内容</td><td rowspan="2">符合性</td><td>优</td><td></td><td>可操作项</td><td></td></tr>
<tr><td>良</td><td></td><td>不可操作项</td><td></td></tr>
<tr><td rowspan="2">可操作性</td><td>优</td><td></td><td>修改项</td><td></td></tr>
<tr><td>良</td><td></td><td>遗漏项</td><td></td></tr>
<tr><td>存在问题</td><td colspan="5"></td></tr>
<tr><td>改进意见</td><td colspan="5"></td></tr>
</table>

（十）设备入库

序号	工作内容或要求
1	当天巡检作业结束后，应按所用无人机巡检要求进行检查和维护工作，对外观及关键零部件进行检查
2	当天巡检作业结束后，应清理现场，核对设备和工器具清单，确认现场无遗漏
3	当天巡检作业结束后，应将电池取出，并按要求进行保管
4	对于无人机自主巡检作业，应对作业航线进行检查、分析，若有调整应及时更新航线数据库中对应的信息
5	库房管理人员依据归还清单上所列的名称、数量、型号进行核对、清点，并检查好设备的质量，做到数量、规格准确无误，质量完好无损，配套齐全，经检查合格，领用人在签收单上签字后，方可入库

（十一）班后会及工作总结

序号	工作内容或要求
1	对巡检杆塔的数量、巡检照片的数量进行审核，对发现的缺陷进行命名，并按照无人机缺陷管理规定进行统计和上报
2	对无人机精细化巡检影像资料及数据进行归档整理
3	对无人机红外测温影像资料进行归档和分析，存在温度异常及时上报
4	填写班后会记录
5	对工作单（票）进行审核及归档、备查

十九、多旋翼无人机激光点云数据处理

（一）适用范围

本指导书适用于 220kV 及以上输电线路多旋翼无人机激光点云数据处理作业。

（二）引用文件

GB/T 18037—2000　带电作业工具基本技术要求与设计导则

GB/T 14286—2002　带电作业工具设备术语

DL/T 741—2019　架空输电线路运行规程

DL/T 1578　架空电力线路多旋翼无人机巡检系统

DL/T 1482　架空输电线路无人机巡检作业技术导则

Q/GDW 11399　架空输电线路无人机巡检作业安全工作规程

（三）术语及定义

下列术语和定义适用于本现场作业指导书。

激光雷达是一项遥感技术，它利用激光对地球表面以 x、y 和 z 测量值方式进行密集采样。

点云在同一空间参考系下表达目标空间分布和目标表面特性的海量点集合。

LAS 格式是一种用于激光雷达数据交换的开放式/已发布标准文件格式。

（四）班前会及作业前准备

1. 现场勘察

（1）应确认作业现场天气情况是否满足作业条件，雾、雪、大雨、冰雹、风力大于

10m/s 等恶劣天气不宜作业。

（2）应确认线路周围地形地貌，是山地、丘陵、城镇还是乡村等。

（3）应确认作业现场空域情况。

① 禁飞区。由国家划设的，未按照国家有关规则经特别批准，任何航空器不得飞入的空间。

② 管控区域。为维护空中交通秩序、保障空中交通安全和国家安全，按照国家有关法规划设，对航空器在空间内活动应遵守的规则、方式和时间等进行了规定和限制的区域。民用航空的空中管制区包括塔台管制区、进近管制区和区域管制区等，此外还包括但不限于以下区域。

序号	区域	定义
1	空中禁区	由国家划设的，未按照国家有关规则经特别批准，任何航空器不得飞入的空间
2	空中限制区	由管制部门划设的，在规定时限内，未经管制部门许可的航空器禁止飞入的空间
3	空中危险区	由管制部门划设，供对空射击或者发射使用的，在规定时限内，禁止无关航空器飞入的空间

③ 空域申请。

序号	工作项目	工作内容或要求
1	遵守政策法规	无人机巡检作业应严格按国家相关政策法规、当地民航军管等要求规范化使用空域
2	确认飞行作业区域	工作任务签发前应确认飞行作业区域是否处于空中管制区：未经空中交通管制批准，不得在管制空域内飞行
3	办理空域审批手续	作业执行单位应根据无人机巡检作业计划，按相关要求办理空域审批手续，并密切跟踪当地空域变化情况
4	注意事项	实际飞行巡检范围不应超过批复的空域

2. 无人机配置清单

√	序号	名称	型号/规格	单位	数量	备注

3. 出库检查

序号	情况分类	工作内容或要求
1	若无问题	设备出库时，领用人员需当场确认无人机及配件的规格型号和数量，并检查外观及质量，核实无误后在领用单上签字确认
2	若有问题	领用人及时更换完好的无人机或配件，核实无误后在领用单上签字确认

4. 办理工作票（单）

序号	工作内容或要求
1	工作票由工作负责人或工作票签发人填写，工作单由工作负责人填写
2	工作票（单）应用黑色或蓝色的钢（水）笔或圆珠笔填写与签发，内容应正确，填写应清楚，不得任意涂改。如有个别错、漏字需要修改时，应使用规范的符号，字迹应清楚
3	工作票一式两份，应提前分别交给工作负责人和工作许可人
4	用计算机生成或打印的工作票（单）应使用统一的票面格式。工作票应由工作票签发人审核无误，并手工或电子签名后方可执行
5	工作票由设备运维管理单位（部门）签发，也可由经设备运维管理单位（部门）审核合格且经批准的运行检修单位签发
6	运行检修单位的工作票签发人、工作许可人和工作负责人名单应事先送有关设备运维管理单位（部门）备案
7	同一张工作票中，工作票签发人、工作许可人、工作负责人（监护人）不得兼任，且以上均不能为工作班成员。同一张工作单上，工作许可人、工作负责人（监护人）不得兼任

5. 填写作业指导书

序号	工作内容或要求
1	作业指导书应用黑色或蓝色的钢（水）笔或圆珠笔填写与签发
2	内容应正确，填写应清楚，不得任意涂改
3	如有个别错、漏字需要修改时，应使用规范的符号，字迹应清楚

（五）现场准备

1. 现场复勘

序号	工作内容或要求
1	作业前使用风速仪进行风力等级检测，风力大于 5 级及以上严禁开展巡检作业
2	如遇雷、雨、雪、大雨、冰雹等恶劣天气严禁作业
3	输电线路在跨越高速铁路两侧杆塔时，严禁无人机巡检作业

2. 布置作业现场

序号	工作项目	工作内容或要求
1	使用工作围栏划分不同的功能区	（1）现场应使用工作围栏划分不同的功能区，功能区包括地面站操作区、无人机起降区、工器具摆放区等，各功能区应有明显区分； （2）起降区周围应设安全围栏，禁止行人和其他无关人员逗留，特别是在起降过程中，需时刻注意保持与无关人员的安全距离
2	选择合适的起降场地	（1）起降场地应为不小于 2m×2m 大小的平整地面； （2）巡检全过程中，起降场地与无人机应保持通视，保证遥控、通信质量良好； （3）起降场地周围应无高大建筑、线路、树木等障碍物或地下电缆等干扰源； （4）尽量避免将起降场地设在巡检线路或无人机飞行路径下方、交通繁忙道路及人口密集区附近。 注意事项：若起降区地面尘土、砂砾、树枝等杂物较多，应铺设帆布，防止无人机起飞时杂物卷入螺旋桨面或机体内造成意外
3	架设地面站	选定起降区后，在其附近的合适位置架设地面站，架设地面站时，通信天线应确保在巡检全过程中与无人机无遮挡，保持通信质量良好
4	布置现场	现场布置应保持整洁、有序，工器具放置整齐

3. 作业分工

序号	工作人员	数量	作业分工
1	工作负责人	1名	负责全面组织数据处理工作开展，负责现场安全
2	操控手	1名	负责无人机起降操控、设备准备、检查、撤收
3	程控手	1名	负责程控无人机飞行、遥测信息监测、设备准备、检查、航线规划、撤收
4	任务手	1名	负责任务设备操作、现场环境观察、图传信息监测、设备准备、检查、撤收
5	地勤人员	1名	负责针对无人机的保养护理，不直接参与无人机执行任务时的控制，协助工作负责人对无人机设备进行收纳和检查

（六）作业程序

1. 宣读工作票及安全注意事项

（1）危险点分析。

√	序号	工作危险点	责任人签字
	1	起飞前未充分检查设备的各连接部分是否正常，工作中可能发生故障引起危险	
	2	起飞前未充分检查设备的各电器控制部分是否正常，工作中可能发生故障引起危险	
	3	起飞平台地点选择不合理（地面坡度过大或地面有沙石），可能引起侧翻或损伤电机的危险	
	4	起飞前未充分检查起飞环境是否具备飞行条件，飞行中可能发生碰撞或信号干扰引起危险	
	5	起飞前未充分掌握当天天气情况是否具备飞行条件，在飞行过程中遇到影响作业的天气变化，可能导致飞行作业危险性增加	

续表

√	序号	工作危险点	责任人签字
	6	起飞前通信设备未检查，可能导致飞行中交流不畅引起危险	
	7	起飞前未检查无人机和地面控制系统等电池电量，可能因电量不足导致飞行失控引起危险	
	8	起飞前未检查地面站软件，可能因下行链路数据不正常引起危险	
	9	起飞前未校准遥控器，导致不能准确控制无人机可能引发危险	
	10	起飞前未校准磁力计，可能导致不能接收 GPS 信号而引发的危险	
	11	起飞前未检查照相和摄像设备的电量和储存卡的空间，可能因电量和储存卡的空间不足导致不能完成此次作业任务	
	12	飞行中飞控手未能准确判断无人机与带电体的最小安全距离，而引起放电危险	
	13	飞行中作业人员存在精神或体力疲劳现象，可能引起操作失误而发生危险	
	14	飞行中作业人员未能准确判断周围环境、障碍物等，可能使飞行发生危险	
	15	飞行中地面站控制人员未能及时向飞控手准确预报数据情况，飞控手可能因飞行数据判断不准而导致误操作引发的危险	

（2）生产现场作业十不干、四不伤害。

序号	内容	宣读确认	检查确认（√）
1	（1）无票的不干； （2）工作任务、危险点不清楚的不干； （3）危险点控制措施未落实的不干； （4）超出作业范围未经审批的不干； （5）未在接地保护范围内的不干； （6）现场安全措施布置不到位、安全工器具不合格的不干； （7）杆塔根部、基础和拉线不牢固的不干； （8）高处作业防坠落措施不完善的不干； （9）有限空间内气体含量未经检测或检测不合格的不干； （10）工作负责人（专责监护人）不在现场的不干		
2	（1）不伤害他人； （2）不伤害自己； （3）不被别人伤害； （4）保护他人不受伤害		

（3）安全措施。

√	序号	内容	责任人签字
	1	起飞前要认真检查设备的机体及螺旋桨是否有破损及裂纹，以及其他各连接部分均正常后才能开机	
	2	起飞前要对各个电器控制部分进行试运行一次，确认无误后才能正式飞行	
	3	起飞平台尽量选择无坡度且开阔的地面过大，尽量保持地面无杂草、沙石等；在确无合适起飞场地时可使用帆布铺设一个临时起飞平台	
	4	起飞前应充分检查起飞场地周围的环境，要避开高大树木、建筑物和微波塔起飞	

续表

√	序号	内容	责任人签字
	5	起飞前充分掌握天气情况，风力大于 10m/s 禁止飞行（新手可控的风速在 4m/s 左右），雨天禁止飞行	
	6	起飞前要检查通信设备联络畅通（对讲机、耳麦等）	
	7	起飞前要检查无人机和地面控制系统等电池电量，电量要保证能完成此次作业任务	
	8	起飞前应开机确认地面站与遥控器和无人机的数据传输均正常才能飞行	
	9	起飞前应检查遥控器的各个控制杆杆量显示是否正常，如有问题应及时校准遥控器	
	10	起飞前检查 GPS 信号接收是否正常，如有问题应及时校准磁力计	
	11	起飞前检查照相和摄像设备的电量和储存卡的空间，其电量和储存卡的空间应保证能完成此次作业任务	
	12	飞行中飞控手要密切关注无人机的姿态应与带电体保持的最小安全距离，特殊作业时可增设辅助监视人员	
	13	飞行中作业人员要保证有良好的精神状态	
	14	飞行中作业人员要准确判断无人机与周围环境、障碍物的距离且要留有一定的避险余地	
	15	飞行中地面站控制人员要及时向飞控手报地面站上的各项数据，若数据超标要及时提醒飞控手	

2. 操作步骤及内容

√	序号	作业内容	作业步骤及标准	安全措施注意事项	责任人签字
	1	无人机检查	机体检查	任何部件都没有出现裂缝	
			各连接部分检查	设备没有松脱的零件	
			螺旋桨检查	螺旋桨没有折断或者损坏	
	2	起飞前环境检查	起飞平台选择	无人机放置在平坦的地面，保证机体平稳，起飞地点尽量避免有沙石、纸屑等杂物	
			起飞风速检测	飞行时风速应不大于 8m/s	
			起飞地点与障碍物的控制	无人机起飞点离障碍物的距离应保持在 20m 以上	
			起飞点信号干扰控制	对 GPS 信号和磁力计不存在干扰，保证 GPS 的卫星颗数不少于 12 颗	
	3	起飞前电量检查	无人机动力电池电量	用电池电量显示仪对电池进行测试，无人机电池显示参数符合起飞要求	
			遥控器供电	每次飞行时一定要把遥控器电池充满电，保证不会因为电量的原因导致遥控器无法控制无人机；遥控器的频率必须与无人机的频率一致	
			地面站供电	携带足够的设备电池，保证地面站电脑的电池能满足该次作业的要求，不要出现在飞行过程中地面站电脑电量不足而关机的情况	

续表

√	序号	作业内容	作业步骤及标准	安全措施注意事项	责任人签字
	4	起飞	（1）双摇杆外八字下拉到底，电机启动，无人机进入起飞状态； （2）将油门轻推至70%左右无人机便可以起飞	（1）启动螺旋桨后，观察各螺旋桨的工作状态是否正常； （2）起飞后先低空（10m 左右）悬停，观察无人机的姿态是否稳定以及地面站的各项数据是否正常； （3）注意在飞行过程中，切不可将摇杆同时外八字下拉到底	
	5	建图航拍	根据航线规划，检查无人机飞行情况	选定目标区域可自动生成航线，在规划过程中，界面会显示预计飞行的时间，预计拍照数和面积等重要信息	
	6	实时建图	根据正射影像，边飞边出图，及时发现问题	基于同步定位、地图构建和影像正射纠正算法，在飞行过程中实时生成二维正射影像，实现边飞边出图。在作业现场就能及时发现问题，灵活采取更具针对性的应对措施	
	7	导入建图	根据拍摄影像生成	导入不同角度拍摄得到的影像，自动生成高精度的实景三维模型。重建速度快、占用内存小，适用于大规模数据的三维重建	
	8	实时点云，导入建模	（1）点云生成； （2）导入模型	根据大疆智图软件操作功能，对实时采集的影像资料进行点云生成，并导入模型	
	9	返回地面	返航时杆量应柔和	飞控手不允许使用直接大杆量减油门的方式降落，避免造成坠机。在降高时应采用左右横移同时降低高度的方式降落，也可以采用转圈的方式降落	
			降至一定高度时应保证无人机的姿态	当无人机高度降到 10m 左右时要保持无人机在飞控手的正前方以便于控制，同时杆量应柔和，让无人机匀速下降	
			着陆要果断	无人机因地效的缘故在快要接地时会出现姿态不稳的现象（类似回弹的现象），此时应果断减油门使其降落	
	10	工作终结汇报	（1）确认所拍视频和照片符合作业任务要求。 （2）清理现场及工具，工作负责人全面检查工作完成情况，清点人数，无误后，宣布工作结束，撤离施工现场	—	
人员确认签字：					

（七）现场作业结束

工作票终结

序号	工作内容或要求
1	工作终结后，工作负责人应及时报告工作许可人，报告方法可采用：当面报告、电话报告
2	编制工作终结报告，包括下列内容：工作负责人姓名、工作班组名称、工作任务（说明线路名称、巡检飞行的起止杆塔号等）已经结束，无人机巡检系统已经回收，工作终结
3	已终结的工作票（单）应保存一年

（八）激光点云数据处理

处理流程如下：进行激光点云数据处理时，需通过点云去噪、纠偏、复核等数据校核手段，完成激光点云数据的纠偏和数据复核，生成高精度三维激光点云模型（LAS格式），为精准航线规划和无人机自动驾驶提供数据支撑。

（1）激光点云去噪。针对获取激光点云数据时，由于观测条件、仪器设备自身及外界环境条件的影像，扫入的噪声点影响特征点提取及三维航线规划的精度的问题，在进行点云校核、航线处理前，须采用激光点云处理软件，对激光点云进行去噪处理，效果。

去噪后的点云数据应满足以下要求：肉眼能明确、清晰辨别目标物体点云；目标物体点云无遮挡、周边无散乱无序点；点云模型空间整洁且无影响后期建模精度的异物点。

（2）激光点云纠偏。将去噪后的激光点云数据，基于同名控制点，转换到相同的坐标系中，获取精准的三维坐标。进行去噪过程中，需要保证同名控制点的布设和选取精度。

① 控制点布设原则。采集控制点时保证至少4颗卫星的GPS信号，并保持3～5min的连续观测以达到半厘米级的精度；各方向上均有2m范围的开阔区域，远离高大建筑和植被，防止被遮挡。

控制点布设原则上不能少于3个。若需要飞行多个架次采集点云数据时，布设的控制点应落在重叠区间内。控制点精度控制在5cm以内。

② 纠偏流程。从点云选取明显特征点（例如设备的角、地面凸起、有棱角的物体），并且易到达的地方，至少三个作为控制点，并记录控制点的经纬度、高程值；到现场测量点云选取的控制点的坐标值，使用网络差分RTK直接放置到控制点上（对于不能直接放置的控制点将RTK放在对中杆上测量，计算高程值是要注意是否需要减去杆高）进行测量；测量模式需要登录千寻账号、使用固定解、RTK保持水平；并记录控制点的经纬度、高程值。用现场测得的控制点坐标值与点云同名控制点坐标值进行对比，求出平均偏移值，然后将点云整体偏移进行纠偏。

③ 纠偏后点云精度要求。纠偏后的激光点云数据统一至千寻坐标系统下，纠偏的精度须控制在20cm以内。用控制点对点云数据进行纠偏后，纠偏的精度控制在20cm以内。

（3）激光点云复核。为检验校准后三维点云数据的精度，在经过点云去噪、点云纠偏后建立的模型，需要进行数据复核。首先，需要在模型上进行选点（选取的点位应具有代表性如设备底座、设备顶部，根据模型长度等间隔分布，不能少于 3 个）并记录坐标数据、高程数据，由专业测量人员手持网络差分 RTK 实地测量模型上已选取的点位坐标、高程信息，将采集到的坐标、高程信息与模型上记录的坐标、高程信息作差不能超过 0.2m。

（九）标准化作业指导书执行情况评估

评估内容	符合性	优		可操作项	
		良		不可操作项	
	可操作性	优		修改项	
		良		遗漏项	
存在问题					
改进意见					

（十）设备入库

序号	工作内容或要求
1	当天巡检作业结束后，应按所用无人机巡检要求进行检查和维护工作，对外观及关键零部件进行检查
2	当天巡检作业结束后，应清理现场，核对设备和工器具清单，确认现场无遗漏
3	当天巡检作业结束后，应将电池取出，并按要求进行保管
4	对于无人机自主巡检作业，应对作业航线进行检查、分析，若有调整应及时更新航线数据库中对应的信息
5	库房管理人员依据归还清单上所列的名称、数量、型号进行核对、清点，并检查好设备的质量，做到数量、规格准确无误，质量完好无损，配套齐全，经检查合格，领用人在签收单上签字后，方可入库

（十一）班后会及工作总结

序号	工作内容或要求
1	对无人机精细化巡检影像资料及数据进行归档整理
2	对激光点云数据进行处理和分析，存在数据异常及时上报
3	填写班后会记录
4	对工作票进行审核及归档、备查

二十、多旋翼无人机可见光影像资料整理

（一）适用范围

本指导书适用于220kV及以上输电线路多旋翼无人机可见光影像资料整理作业。

（二）引用文件

GB/T 18037—2000　带电作业工具基本技术要求与设计导则

GB/T 14286—2002　带电作业工具设备术语

DL/T 741—2019　架空输电线路运行规程

DL/T 1578　架空电力线路多旋翼无人机巡检系统

DL/T 1482　架空输电线路无人机巡检作业技术导则

Q/GDW 11399　架空输电线路无人机巡检作业安全工作规程

（三）术语及定义

精细化巡检多旋翼无人机精细化巡检通常应用于220kV及以上输电线路的架空输电线路巡检，主要是采用无人机搭载可见光相机对输电线路设备本体及附属设施进行的精细颗粒度的巡视检查，主要巡检方式为拍照、录像等，巡检的主要内容为杆塔本体及附属设施关键部位可见光拍照巡检，并提交巡检所发现的缺陷及相关报告。

无人机可见光影像资料整理可见光影像资料整理指对无人机巡检拍摄的可见光巡检影像资料进行整理。

（四）作业前准备

1. 资料拷贝

准备好移动硬盘和数据线，将影像资料从无人机或存储卡上拷贝至移动硬盘，方便后期编辑和整理。必要时，将影像资料多拷贝一份，避免整理过程中文件损坏或者丢失。

2. 资料存储

巡检缺陷图像命名：缺陷图像按照“电压等级+杆号”－“缺陷简述”－“该图像原始名称”进行重命名检图像应分文件夹存放，分级管理应满足日常巡检影像报送。

当日巡检工作完成后，将巡检图像导出至专用计算机指定硬盘中，按照以下规范进行分级文件夹管理：

文件夹第一层：××公司××kV××线无人机巡视资料。（例山东公 500kV 邹川Ⅱ线无人机巡视资料，“Ⅱ”为罗马数字）

文件夹第二层：#××无人机巡视资料。（例 201 号无人机巡视资料在阿拉伯数字前）

文件夹第三层：×年无人机巡视资料。

文件夹第四层：×月无人机巡视资料，当月缺陷照片存放于第四层。

文件夹第五层：每基杆塔对应无人机巡视资料。

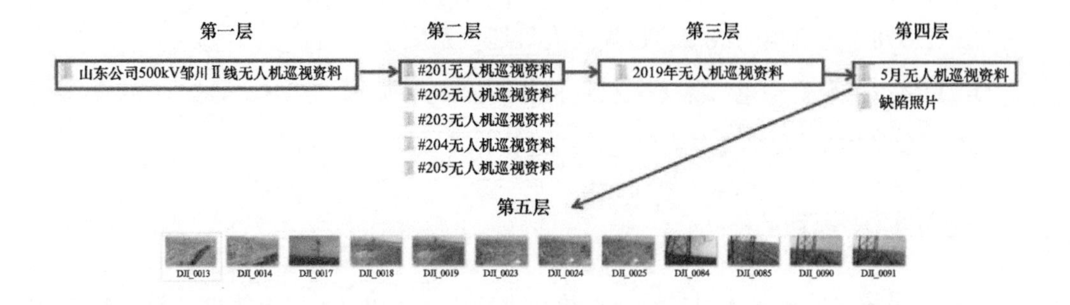

（五）资料整理

1. 巡检资料归档

（1）图像存放整理。当日巡检工作完成后，将巡检图像导出至专用指定硬盘中，按照以下规范进行分级文件夹管理：

文件夹第一层：××公司××kV××线无人机巡视资料。（例山东公司 500kV 邹川Ⅱ线无人机巡视资料，“H”为罗马数字）

文件夹第二层：#××无人机巡视资料。（例 201 号无人机巡视资料，在阿拉伯数字前）

文件夹第三层：××年无人机巡视资料。

文件夹第四层：××月无人机巡视资料，当月缺陷照片存放于第四层。

文件夹第五层：每基杆塔对应无人机巡视资料。

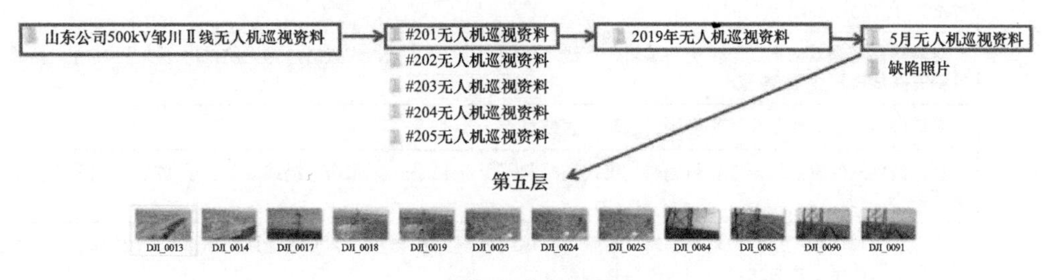

图像存放示意图

（2）图像分析及规范命名。图像分析工作应尽快完成（一般 3 个工作日内）。发现缺陷后应编辑图像，对图像中缺陷进行标注，并将图像重命名，命名规范如下：

“电压等级+线路名称+杆号” – “缺陷简述” – “该图片原始名称”

示例：500kV 聊韶Ⅱ线#124 塔 – 上相挂点缺销钉 – DSG – 0001.JPG

注：① 缺陷描述按照：“相 – 侧 – 部 – 问”顺序进行命名；

② 每张图像只标注并描述一条缺陷。

2. 巡检影像及资料报送

（1）日常巡检影像资料报送。

① 日常巡检影像整理。报送的日常巡检影像应分文件夹存放。

文件夹第一层：××公司××年××月无人机定位拍摄影像。

文件夹第二层：电压等级线路名称。

文件夹第三层：杆塔号。

对于某条线路，将对不同杆塔拍摄的所有影像（包括：有缺陷和无缺陷影像）按照杆号分文件夹存放，如：#100 塔、#101 塔、#102 塔。

文件夹第四层：原始影像。

存放同一个杆塔拍摄的所有原始影像（影像上无任何人为添加的标记）。若影像上存在缺陷设备，则缺陷影像文件按缺陷类型及描述重命名，如绝缘子自爆；若已采用算法智能识别并审核，则应提交该影像所对应的 xml 文件，且 xml 文件名与该影像名相同（后缀不同）。

② 日常巡检影像编辑。

序号	工作内容或要求
1	交流线路单回直线酒杯塔影像资料编辑，直线塔不少于 20 张，耐张塔有跳线串不少于 36 张，耐张塔无跳线串不少于 27 张
2	交流线路同塔双回直线影像资料编辑，直线塔单侧不少于 17 张，耐张塔单侧无跳线串不少于 26 张、耐张塔单侧有跳线串不少于 35 张
3	交流线路单回直线猫头塔影像资料编辑，直线塔不少于 18 张
4	直流线路双回直线塔影像资料编辑，直线塔单侧不少于 13 张，耐张塔有跳线串不少于 17 张，耐张塔无跳线串不少于 14 张
5	交流线路单回换位塔影像资料编辑，耐张塔有跳线串不少于 45 张，耐张塔无跳线串不少于 27 张。注：个别杆塔安装跳线串个数有变，按照实际统计为准

（2）影像库样本报送。若日常巡检影像中正常设备影像数量、缺陷影像中缺陷类型及对应的数量均不低于影像类别及数量满足要求要求。若实际巡检影像类别与数量不满足要求，应针对缺少的缺陷类型进行模拟设置和拍摄，且将模拟设置和拍摄的影像单独存放为一个文件夹。

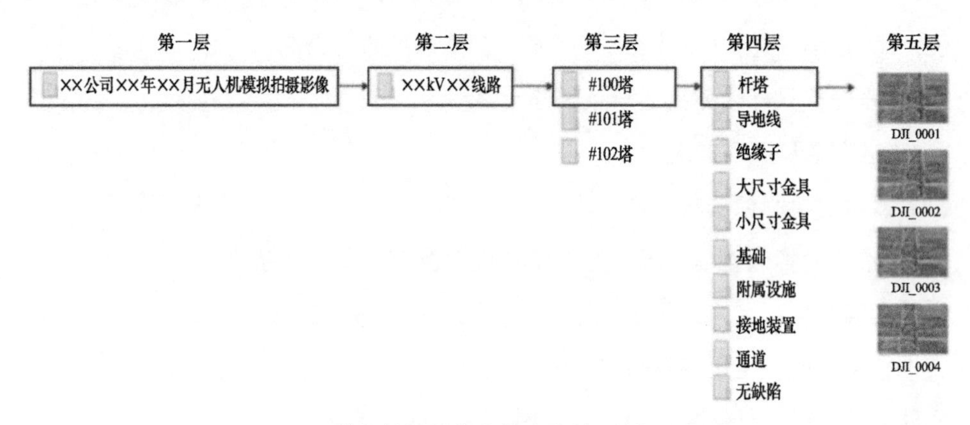

模拟拍摄影像文件夹存放示例

文件夹第一层：××公司××年××月无人机模拟拍摄影像。

文件夹第二层：电压等级线路名称。

文件夹第三层：杆塔号。对于某条线路，将对不同杆塔拍摄的所有影像（包括：有缺陷和无缺陷影像）按照杆号分文件夹存放，如：#100 塔、#101 塔、#102 塔。

文件夹第四层：缺陷类型。将模拟拍摄影像按照缺陷类型分类存放，缺陷类型分为：杆塔、导地线、绝缘子、大尺寸金具、小尺寸金具、基础、附属设施、接地装置、通道和无缺陷 10 类。

（3）日常巡检影像存放与报送。日常巡检影像应分文件夹存放，并按上级要求报送。

文件夹分层参见附图。

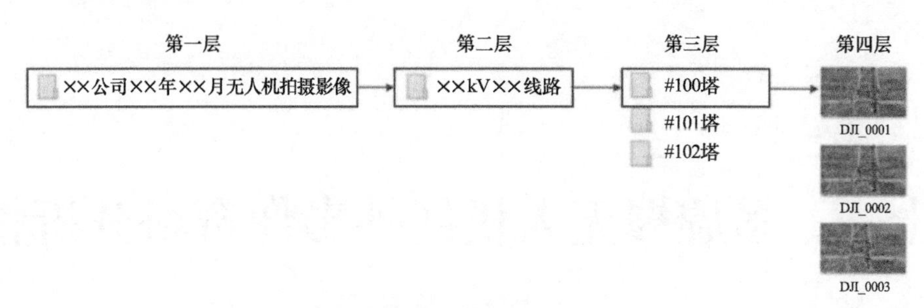

日常巡检影像文件夹存放示例

文件夹第一层：××公司××年××月无人机定位拍摄影像。

文件夹第二层：电压等级线路名称。

文件夹第三层：杆塔号。对于某条线路，将对不同杆塔拍摄的所有影像。

（包括：有缺陷和无缺陷影像）按照杆号分文件夹存放，如：#100 塔、#101 塔、#102 塔。

文件夹第四层：原始影像。存放同一个杆塔拍摄的所有原始影像（影像上无任何人为添加的标记）。若影像上存在缺陷设备，则缺陷影像文件按缺陷类型及描述重命名，如绝缘子自爆。

（六）资料存储时间要求

按上级要求的时间（一般是每月 25 日前），将日常巡检影像和影像库样本进行报送。宜采用无人机巡检影像人工智能识别云平台进行报送；不具备条件的单位采取线下报送的方式。

二十一、多旋翼无人机红外影像资料分析整理

（一）适用范围

本指导书适用于220kV及以上输电线路多旋翼无人机红外影像资料分析整理作业。

（二）规范性引用文件

下列文件对于本文件的应用是必不可少的。凡是注日期的引用文件，仅注日期的版本适用于本文件，凡是不注日期的引用文件，其最新版本（包括所有的修改单）适用于本文件。

DL/T 1482　架空输电线路无人机巡检作业技术导则

DL/T 664—2016　带电设备红外诊断应用规范

DL/T 741—2019　架空线路运行规程

T/CEC 113—2016　电力检测型红外成像仪校准规范

Q/GDW 468—2010　红外测温仪、红外热像仪校准规范

Q/GDW 11399　架空输电线路无人机巡检作业安全工作规程

（三）术语及定义

无人机红外影像资料分析整理指无人机拍摄波长为 0.75～14μm 的影像资料分析及整理。

（四）作业人员基本要求

序号	工作内容或要求
1	本年度安规考试成绩合格，具有一定现场运行经验
2	作业人员应满足无人机资格证要求，取得 UTC 或 AOPA 等资格证书
3	作业人员应熟悉掌握无人机的组装和构成
4	作业人员应熟悉掌握输电线路运行规程
5	作业人员应熟悉红外影像数据处理

（五）无人机红外影像资料整理准备

准备好移动硬盘和数据线，将影像资料从无人机或存储卡上拷贝至移动硬盘，方便后期编辑和整理。必要时，将影像资料多拷贝一份，避免整理过程中文件损坏或者丢失。

（六）红外测温数据的判断及处理

1. 数据处理方法

为获取所测复合绝缘子不同位置的温度分布，推荐采用软件中的刺点功能，将需要测出温度的区域进行选定，使用专业的后台分析软件将显示出选定区域内的温度最高点、温度最低点、平均温度，依此来判断温度是否符合相关要求，即是否存在发热状态。对于超过 5℃的温升，应至少进行一次复测，复测时应避免阳光影响。

利用红外镜头对应的软件进行温升数据、温升曲线的获取。按以下步骤获取绝缘子温升数据、温升曲线：

（1）导入红外图片，见图 1；

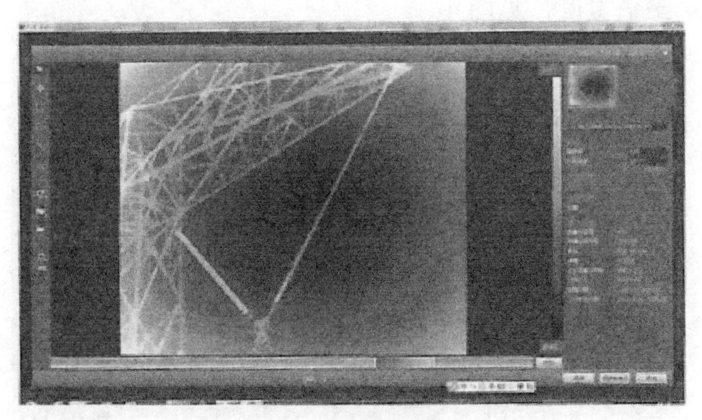

图 1　导入红外图片

（2）放大高压端，在高压端均压环往绝缘子中间方向位置，设置测点1，见图2；

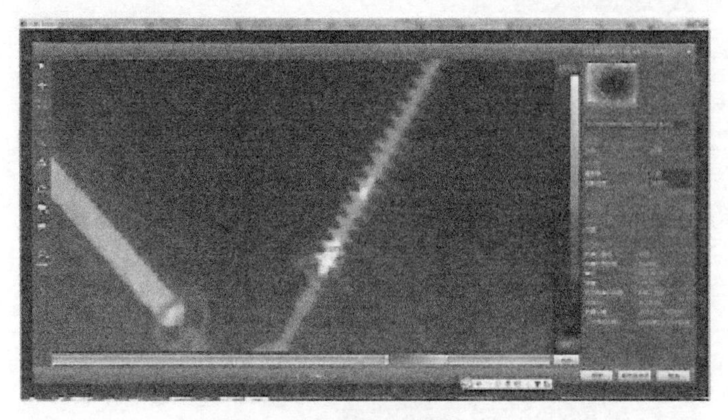

图2　高压侧设置测点1

（3）放大低压端，在低压端均压环往绝缘子中间方向位置，设置测点2，见图3；

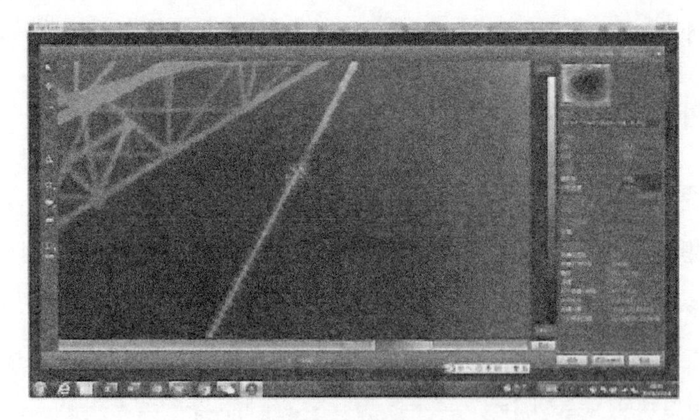

图3　低压侧设置测点2

（4）在测点1、测点2之间设置测温线；

（5）利用软件获得测温沿线的最高温度，最低温度、平均温度，该支绝缘子的温升数值为最高温度－最低温度，见图4；

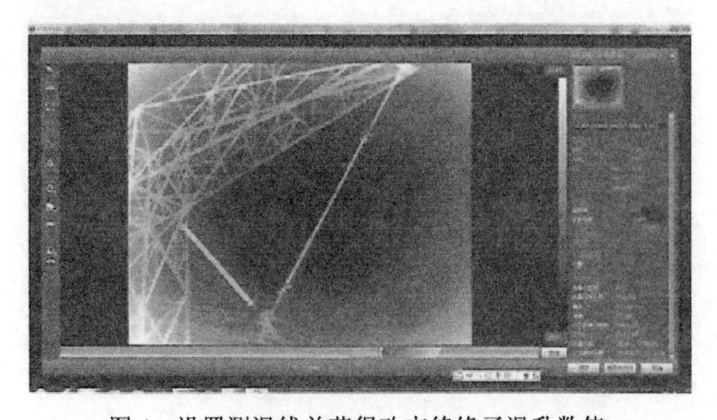

图4　设置测温线并获得改支绝缘子温升数值

（6）利用软件导出测温线沿线的温度曲线，判断是否存在温度突变，见图 5。

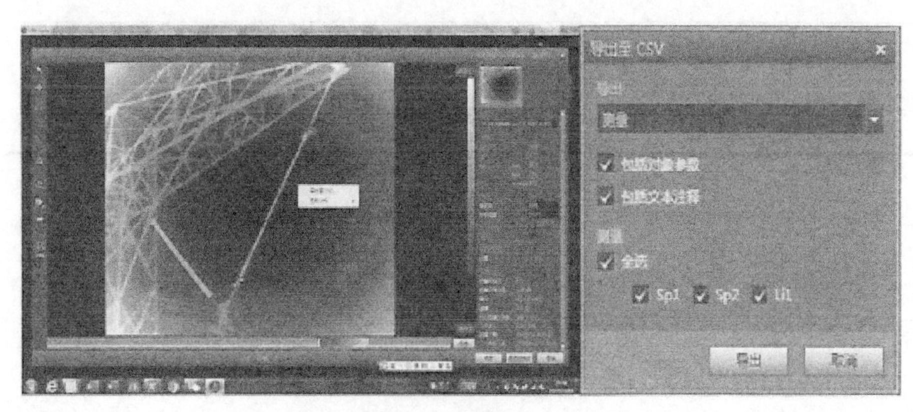

图 5　导出红外数据至 CSV 文件

数据导入 CSV 文件后，将测温线沿线温度进行作图见图 6，可方便判断沿线是否存在超过 2℃的温度突变。

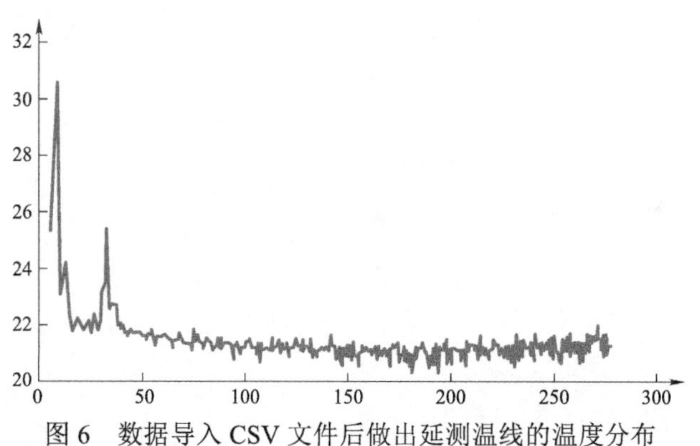

图 6　数据导入 CSV 文件后做出延测温线的温度分布

2. 测温缺陷判断

设备类别和部位	热象特征	故障特征	缺陷性质		
			紧急缺陷	严重缺陷	一般缺陷
绝缘子串	选定区域为中心的热像，热点明显	接触不良	绝缘子温度曲线分布范围（不同位置温差）大于 5℃且温度曲线存在超过 2℃的局部突变	绝缘子温度曲线分布范围（不同位置温差）大于 2℃、小于 5℃，但温度曲线存在超过 2℃的局部突变，或者绝缘子温度曲线分布范围（不同位置温差）大于 5℃，但温度曲线不存在超过 2℃的局部突变	绝缘子温度曲线分布范围（不同位置温差）大于 2℃、小于 5℃，但温度曲线没有超过 2℃的局部突变

（七）记录归档

序号	工作内容或要求
1	无人机自主巡检影像资料及数据归档
2	无人机红外测温归档

二十二、无人机巡检模块资料上传审核

（一）适用范围

本指导书适用于220kV及以上输电线路多旋翼无人机巡检业务模块上传审核作业。

（二）引用文件

GB/T 18037—2000　带电作业工具基本技术要求与设计导则

GB/T 14286—2002　带电作业工具设备术语

DL/T 741—2019　架空输电线路运行规程

DL/T 1578　架空电力线路多旋翼无人机巡检系统

DL/T 1482　架空输电线路无人机巡检作业技术导则

Q/GDW 11399　架空输电线路无人机巡检作业安全工作规程

（三）术语及定义

精细化巡检多旋翼无人机精细化巡检通常应用于220kV及以上输电线路的架空输电线路巡检，主要是采用无人机搭载可见光相机对输电线路设备本体及附属设施进行的精细颗粒度的巡视检查，主要巡检方式为拍照、录像等，巡检的主要内容为杆塔本体及附属设施关键部位可见光拍照巡检，并提交巡检所发现的缺陷及相关报告。

（四）可见光影像资料整理

1. 格式要求

当日巡检工作完成后，将巡检图像导出至专用计算机指定硬盘中，按照以下规范进行分级文件夹管理：

文件夹第一层：××公司××kV××线无人机巡视资料。（例：山东公司500kV邹川Ⅱ线无人机巡视资料，“H”为罗马数字）

文件夹第二层：#××无人机巡视资料。（例：#201无人机巡视资料，在阿拉伯数字前）

文件夹第三层：×年无人机巡视资料。

文件夹第四层：×月无人机巡视资料，当月缺陷照片存放于第四层。

文件夹第五层：每基杆塔对应无人机巡视资料。

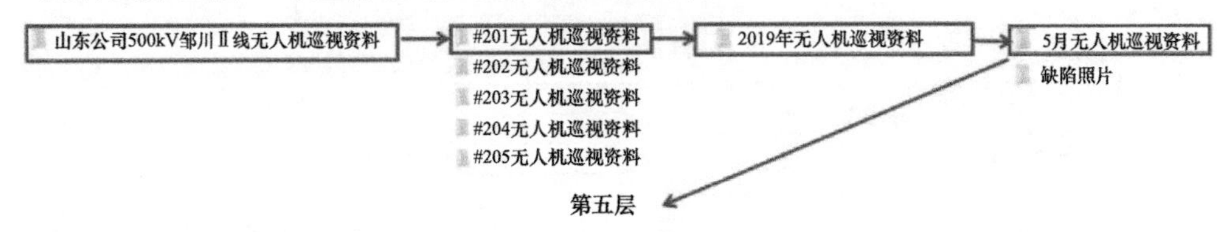

2. 命名影像资料审核

图像分析工作应尽快完成（一般 3 个工作日内）。发现缺陷后应编辑图像，对图像中缺陷进行标注，并将图像重命名，命名规范如下：

“电压等级+线路名称+杆号”–“缺陷简述”–“该图片原始名称”

示例：500kV 聊韶Ⅱ线#124 塔–上相挂点缺销钉–DSG–0001.JPG

注：① 缺陷描述按照：“相–侧–部–问”顺序进行命名；

② 每张图像只标注并描述一条缺陷。

（五）系统登录

请用谷歌浏览 v70 或以上版本访问网址：

http://125.34.170.42：10081/uavSystem-js/login.html

输入用户名、密码、验证码进行登录。

（六）系统插件下载

1. 依次点击应用功能→缺陷识别→缺陷识别任务列表，在缺陷识别任务列表中点击新建算法识别任务。

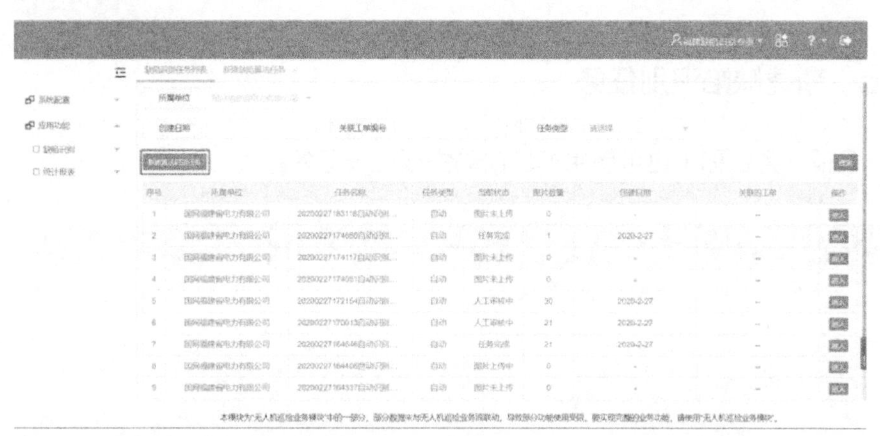

2. 点击下载安装链接下载 uploadTool 文件。

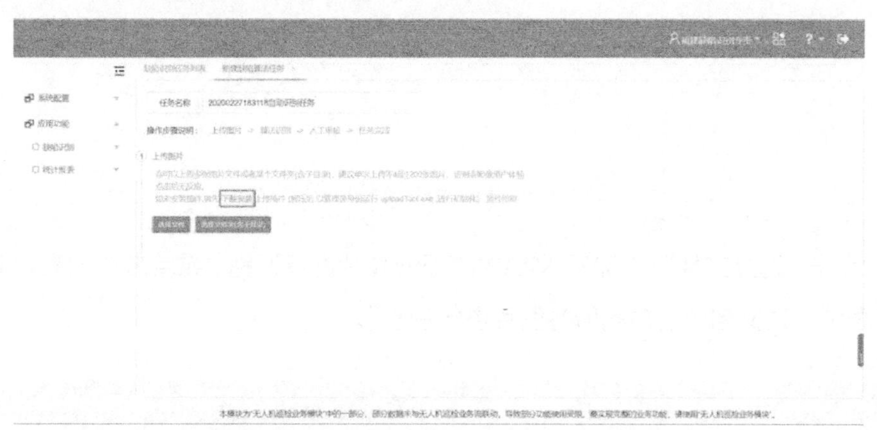

3. 下载完插件后解压到 D 盘目录下，点击 uploadTool 进入文件夹，选中 UploadTool.exe 文件，点击右键选择以管理员身份运行。

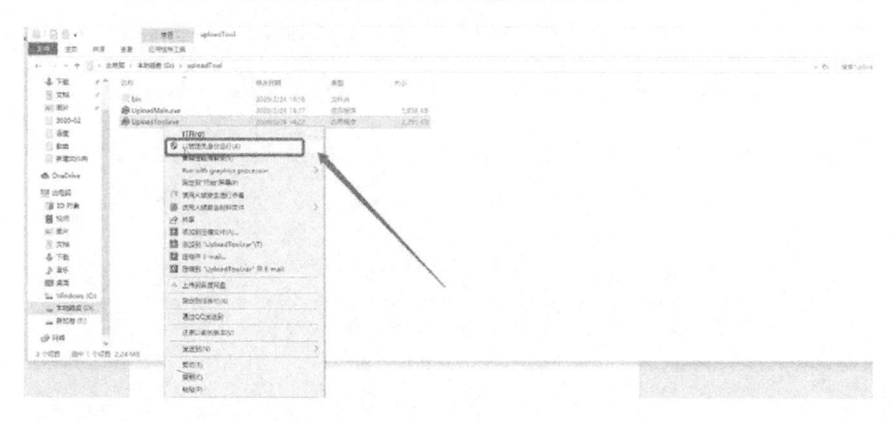

4. 安装完后会出现 upload_log 文件。

（七）新建缺陷识别任务

1. 编辑任务名称（也可使用模块自动生成的任务名称）。

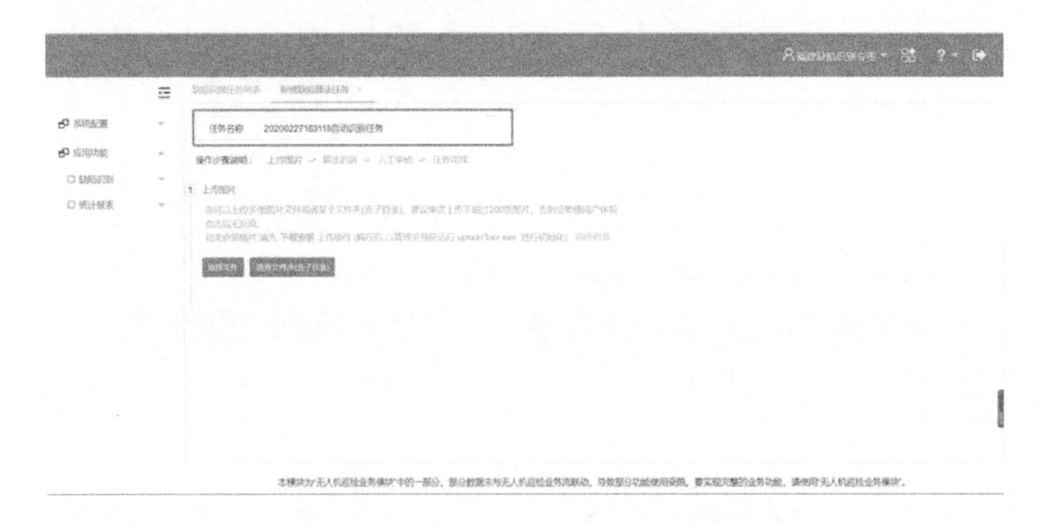

2. 点击“选择文件”（可选择文档中的部分图片进行识别）或点击“选择文件夹（包含子目录）”（对文档中包含的所有图片进行识别）。

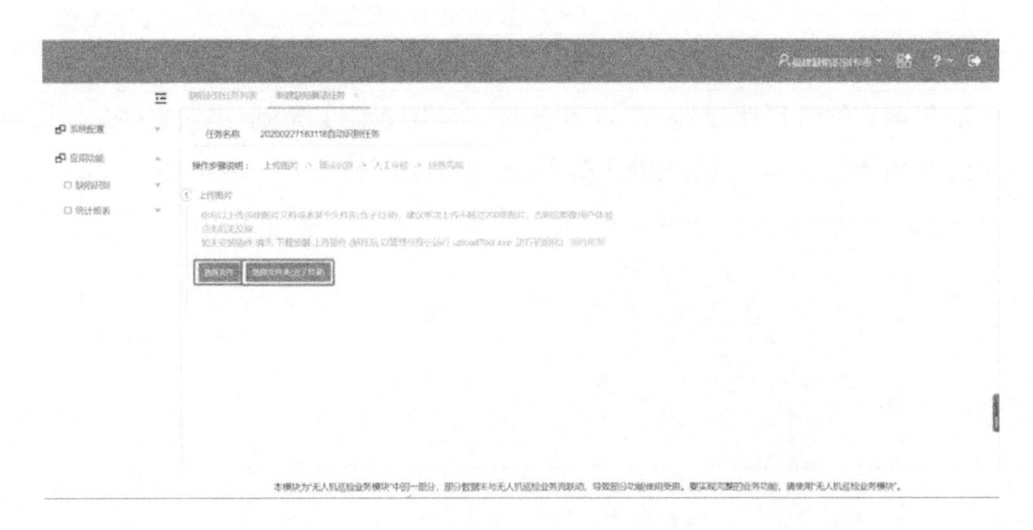

3. 在弹窗中点击打开“UploadTool.exe”按钮。

4. 找到需要识别的文件夹点击“选择文件夹”，为了保证上传体验，建议单任务上传的图片数量不超过 200 张。

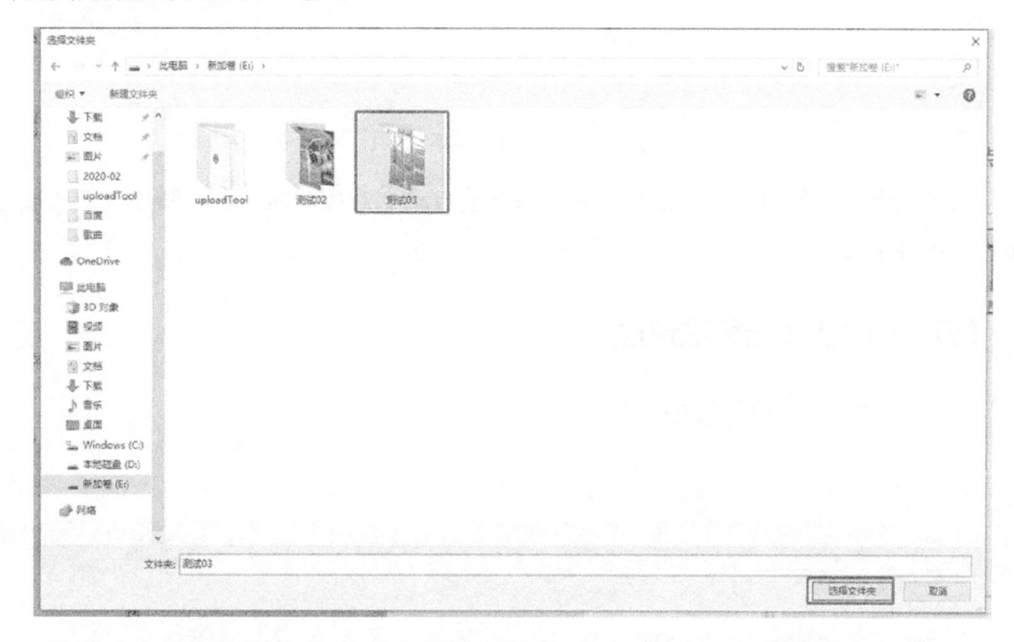

若图片上传插件未能自动弹出选择文件夹页面，可点击“插件修复”，图片上传插件将会自动修复，等待进度条结束即可再次点击“选择文件”或“选择文件夹（含子目录）。

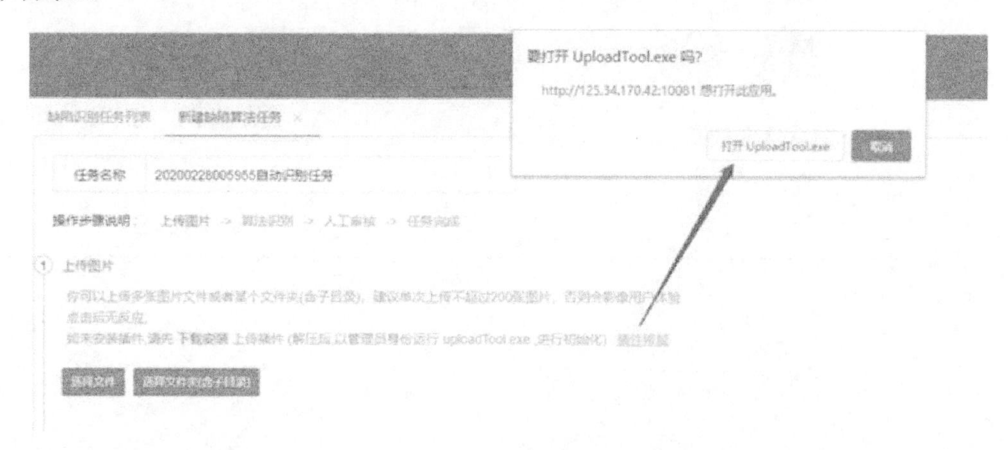

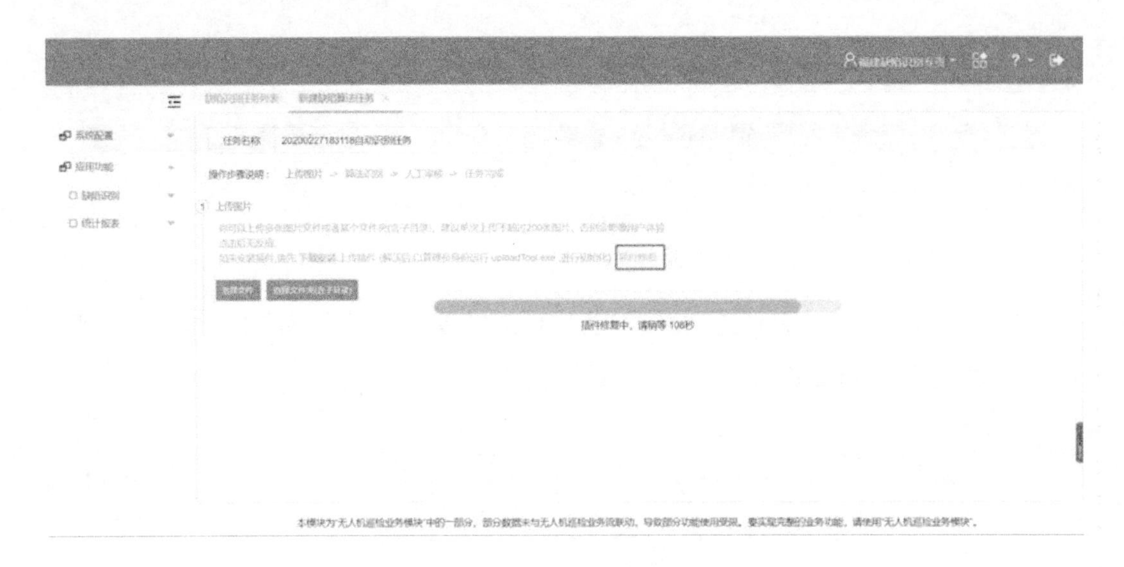

选择完图片文件或文件夹之后，此时系统会自动加载图片缩略图，图片全部加载完成后可进行上传。

（八）图片上传与算法识别

1. 点击“开始上传”按钮。

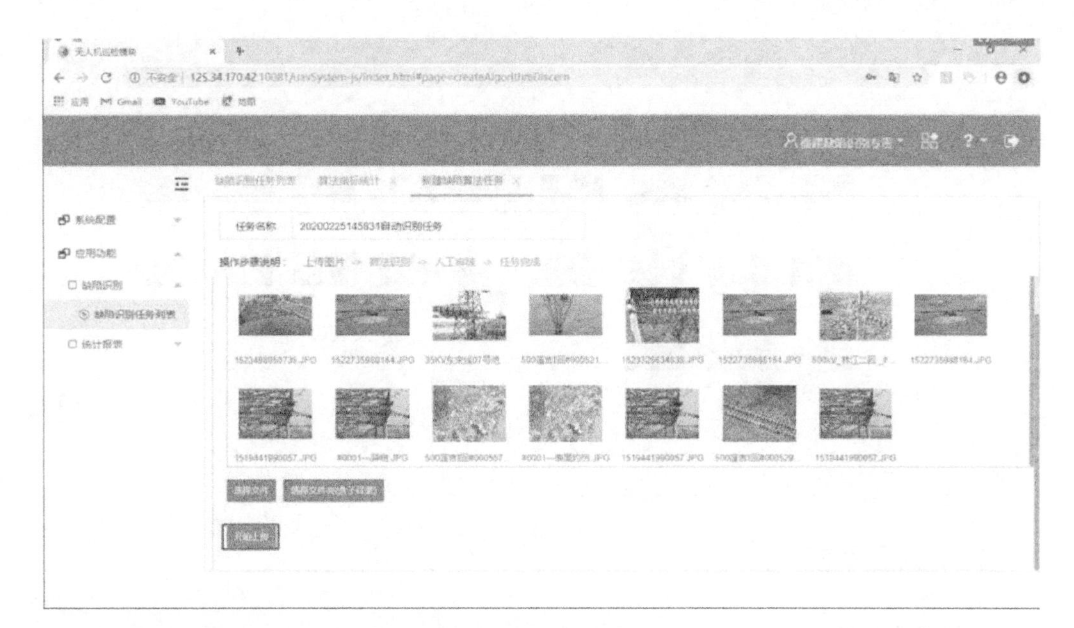

2. 在弹窗中点击打开“UploadTool.exe”按钮。

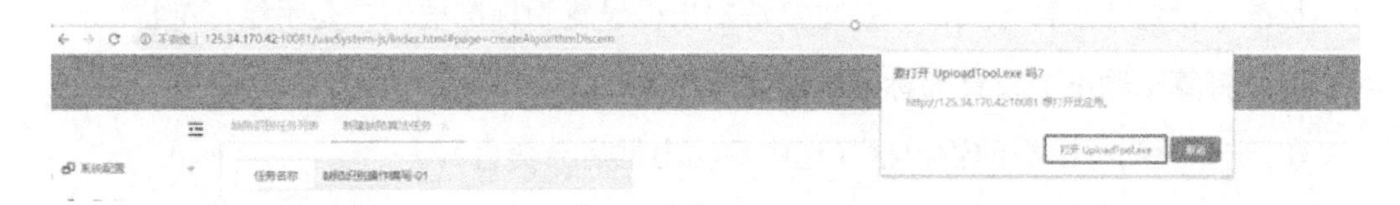

3. 图片上传完成后，图片右下角会有绿色对号提示，待所有图片上传完成后，系统将自动开始识别。

若图片长时间未上传成功，系统提示用户进行图片上传插件修复，可点“上传修复”按钮进行修复，修复完成后图片会继续上传。

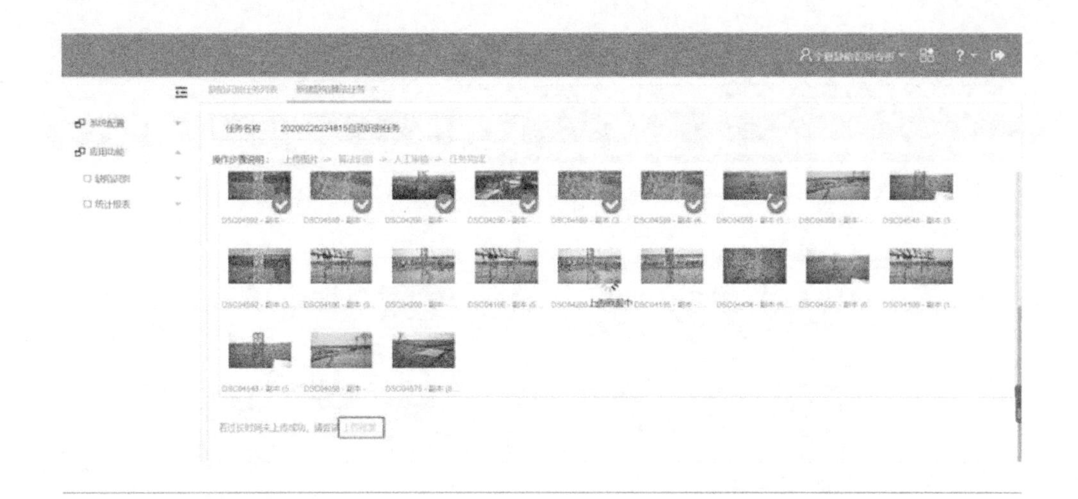

（九）人工审核

1. 标准框设置

标准框设置有两种方式，一是将算法输出框设置为标准框，二是手绘标准框。

（1）将算法输出框设置为标准框的步骤如下：

① 选中设为标准框的输出框（选中后输出框后会变色）。

② 勾选右侧的设为标准框。

③ 检查描述缺陷信息是否正确（不正确需要更改正确）。

④ 全部检查完后点击保存属性按钮。

⑤ 点击保存属性按钮后会弹窗“成功”。

若要取消该类标准框，可勾选右侧的设为标准框进行取消。

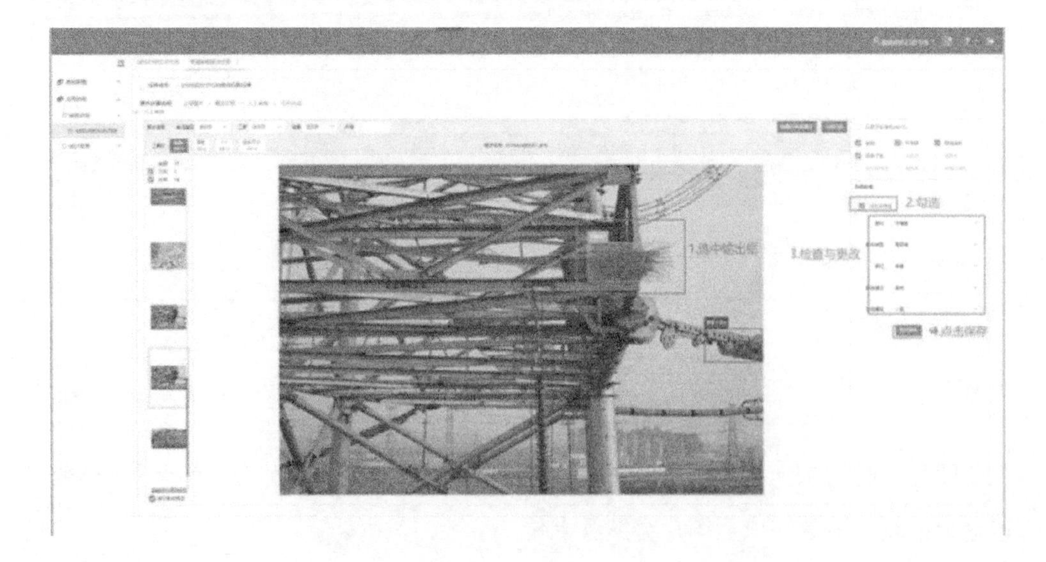

（2）手绘标准框的步骤如下：

① 点击画框按钮或使用快捷键 Alt+2。

② 在缺陷位置划出大于缺陷的手绘框。

③ 填写缺陷描述。

④ 点击保存属性按钮。

⑤ 点击保存属性按钮后会弹窗“成功”。

若要取消该类标准框，可选中该标准框点击鼠标右键在弹出的浮层中进行删除。

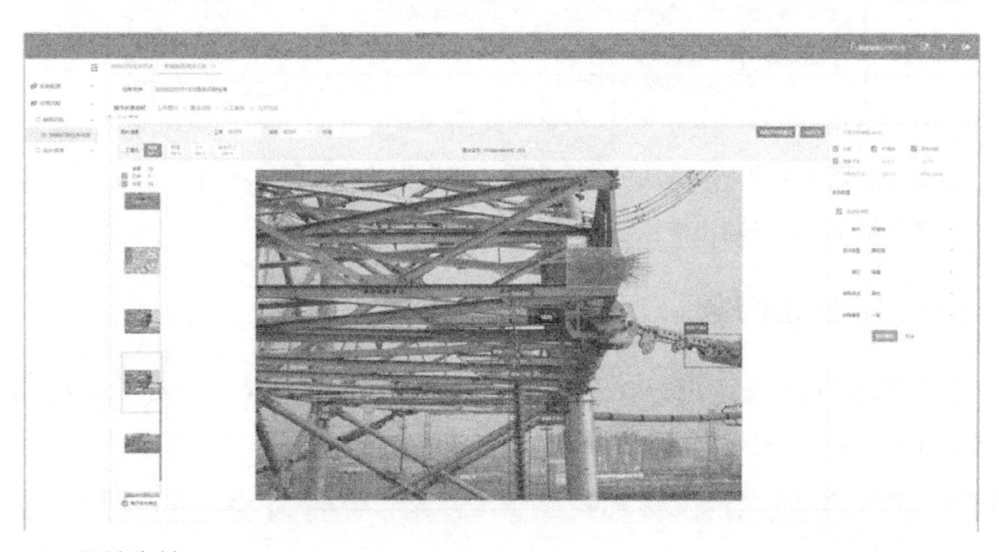

2. 图片审核

标准框设置完成后，可点击“此图片审核通过”按钮，在弹窗提示“审核成功”后审核完成，期间程序会自动判断算法输出框是否正确。

图片审核通过后，图片内的每个框会增加图标属性，其中绿色对号表示算法输出框为正确框，红色叉号表示算法输出框为错误框，黄色小手表示人工手绘的标准框。同时图片上方右侧会对本张图片包含的各类框数进行统计。

若图片上方右侧出现问号图标，表示当前图片中存在完全重叠（输出框坐标完全相同，仅属性不同）的算法输出框，点击蓝色问号图标会出现类似如下提示：

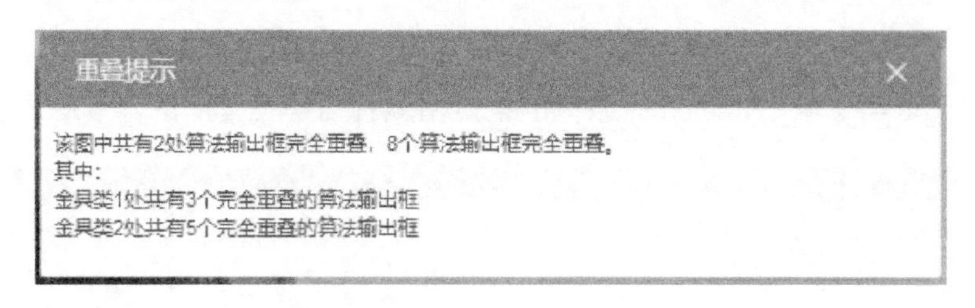

出现上述现象原因为：算法可能存在重复输出现象。即算法对影像中同一目标识别给出了多个输出框，各输出框位置相同，仅属性有所不同。

（十）完成识别任务

所有图片审核完成后（图片右下角有对号表示图片已审核），可点击“完成任务”按钮，系统会提示“任务完成”并显示本次任务的相关信息。

若有图片未完成审核，点击“完成任务”按钮后会弹窗提示“请审核全部图片之后，再次执行”。

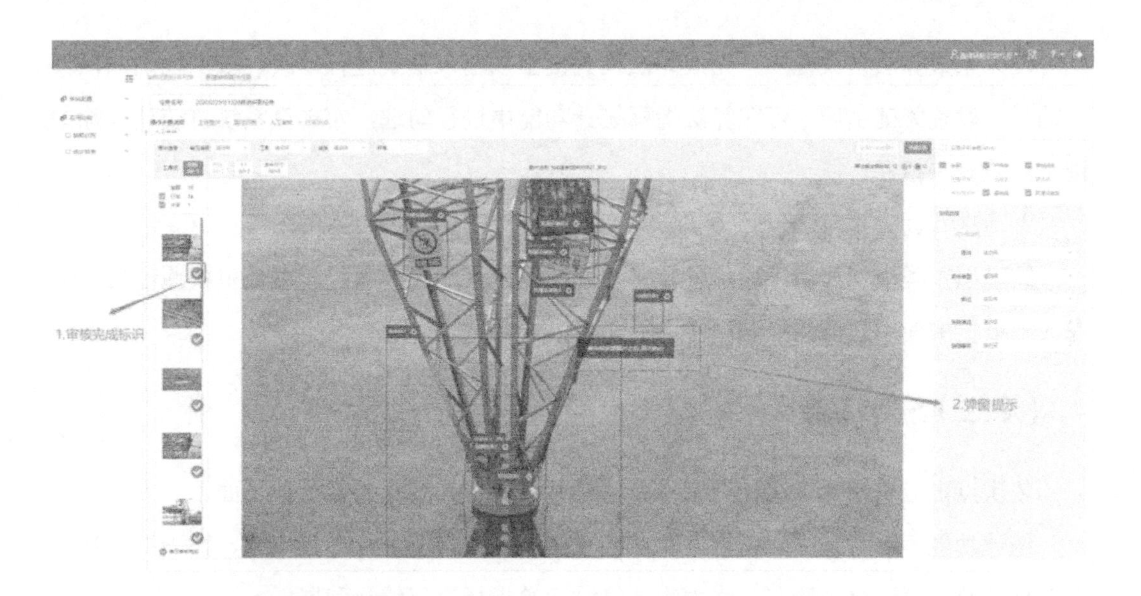

（十一）缺陷识别字典

依次点击系统配置→数据字典→缺陷识别字典可进入缺陷识别字典，缺陷识别字典包含缺陷识别配置和缺陷识别类型字典。

1. 缺陷识别配置

缺陷识别配置可设置“缺陷框判断层级”和“无效算法框关键字”。

（1）缺陷框判断层级。缺陷框判断层级以下拉框形式进行修改，用于自动判断算法输出框是否正确。目前算法按“部件–部件类型–部位–缺陷描述–缺陷等级”5级输出，若设置缺陷框判断层级为 N（$N \leqslant 5$），程序将自动对比算法输出框与标准框前 N 级的描述，描述完全相同则判定算法输出框为正确框，否则为错误框。

（2）无效算法框关键字。无效算法框关键字以输入形式进行修改，多个词之间以顿号隔开。设置关键字后，可在算法指标统计功能中进行勾选，勾选后系统将统计去除关键字后的算法指标。

2. 缺陷识别类型字典

缺陷识别类型字典用于添加自定义缺陷属性，添加完成系统管理员审核通过后，可在人工审核中使用新增的缺陷属性。

（十二）统计功能

依次点击应用功能→统计报表→算法指标统计进入算法指标统计页面。

统计功能可对指定时间范围内算法的正确率、误报率、标准框个数、输出框个数、正确框个数、错误框个数和单张平均计算时间等指标进行统计和展示。

若勾选不纳入统计项中的锈蚀项（可在无效算法框关键字中设置），则会对去除锈蚀类缺陷后的算法相关指标进行统计。

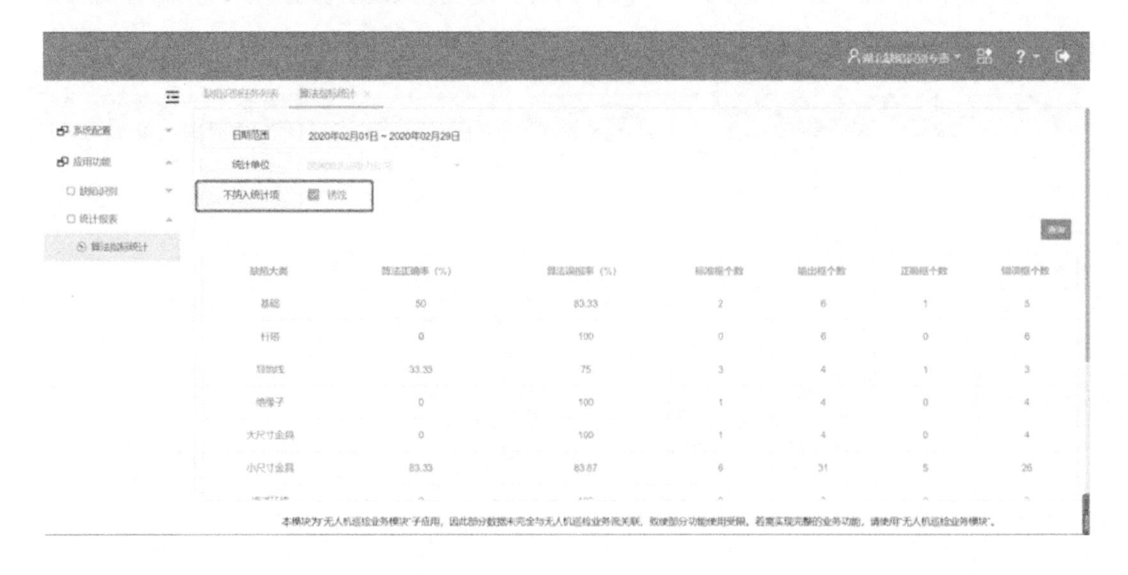

二十三、无人机航线绘制

（一）适用范围

本指导书适用于 220kV 及以上输电线路无人机航线绘制作业。

（二）引用文件

Q/GDW 11399　架空输电线路无人机巡检作业安全工作规程

GB/T 18037—2008　带电作业工具基本技术要求与设计导则

GB/T 14286—2008　带电作业工具设备术语

（三）术语及定义

无人机航线绘制规划无人机巡检路径、校核巡检作业安全距离，最终绘制出实际应用的无人机航线。

（四）班前会及作业前准备

1. 现场勘察

（1）应确认作业现场天气情况是否满足作业条件。

（2）雾、雪、大雨、冰雹、风力大于 10m/s 等恶劣天气不宜作业。

（3）应确认线路周围地形地貌，是山地、丘陵、城镇还是乡村等。

（4）应确认作业现场空域情况。

① 禁飞区。由国家划设的，未按照国家有关规则经特别批准，任何航空器不得飞入的空间。

② 管控区域。为维护空中交通秩序、保障空中交通安全和国家安全，按照国家有关法规划设，对航空器在空间内活动应遵守的规则、方式和时间等进行了规定和限制的区域。民用航空的空中管制区包括塔台管制区、进近管制区和区域管制区等，此外还包括但不限于以下区域：

序号	区域	定义
1	空中禁区	由国家划设的，未按照国家有关规则经特别批准，任何航空器不得飞入的空间
2	空中限制区	由管制部门划设的，在规定时限内，未经管制部门许可的航空器禁止飞入的空间
3	空中危险区	由管制部门划设，供对空射击或者发射使用的，在规定时限内，禁止无关航空器飞入的空间

③ 空域申请。

序号	工作项目	工作内容或要求
1	遵守政策法规	无人机巡检作业应严格按国家相关政策法规、当地民航军管等要求规范化使用空域
2	确认飞行作业区域	工作任务签发前应确认飞行作业区域是否处于空中管制区：未经空中交通管制批准，不得在管制空域内飞行
3	办理空域审批手续	作业执行单位应根据无人机巡检作业计划，按相关要求办理空域审批手续，并密切跟踪当地空域变化情况
4	注意事项	实际飞行巡检范围不应超过批复的空域

2. 航线绘制配置清单

√	序号	名称	型号/规格	单位	数量	备注

3. 出库检查

序号	情况分类	工作内容或要求
1	若无问题	设备出库时，领用人员需当场确认无人机及配件的规格型号和数量，并检查外观及质量，核实无误后在领用单上签字确认
2	若有问题	领用人及时更换完好的无人机或配件，核实无误后在领用单上签字确认

4. 办理工作单（票）

序号	工作内容或要求
1	工作单（票）由工作负责人或工作单（票）签发人填写，工作单由工作负责人填写
2	工作单（票）应用黑色或蓝色的钢（水）笔或圆珠笔填写与签发，内容应正确，填写应清楚，不得任意涂改。如有个别错、漏字需要修改时，应使用规范的符号，字迹应清楚
3	工作单（票）一式两份，应提前分别交给工作负责人和工作许可人
4	用计算机生成或打印的工作单（票）应使用统一的票面格式。工作单（票）应由工作单（票）签发人审核无误，并手工或电子签名后方可执行
5	工作单（票）由设备运维管理单位（部门）签发，也可由经设备运维管理单位（部门）审核合格且经批准的运行检修单位签发
6	运行检修单位的工作单（票）签发人、工作许可人和工作负责人名单应事先送有关设备运维管理单位（部门）备案
7	同一张工作单（票）中，工作单（票）签发人、工作许可人、工作负责人（监护人）不得兼任，且以上均不能为工作班成员。同一张工作单上，工作许可人、工作负责人（监护人）不得兼任

5. 填写作业指导书

序号	工作内容或要求
1	作业指导书应用黑色或蓝色的钢（水）笔或圆珠笔填写与签发
2	内容应正确，填写应清楚，不得任意涂改
3	如有个别错、漏字需要修改时，应使用规范的符号，字迹应清楚

（五）现场准备

1. 现场复勘

序号	工作内容或要求
1	作业前使用风速仪进行风力等级检测，风力大于 5 级及以上严禁开展巡检作业
2	如遇雷、雨、雪、大雨、冰雹等恶劣天气严禁作业
3	输电线路在跨越高速铁路两侧杆塔时，严禁无人机巡检作业

2. 布置作业现场

序号	工作项目	工作内容或要求
1	使用工作围栏划分不同的功能区	（1）现场应使用工作围栏划分不同的功能区，功能区包括地面站操作区、无人机起降区、工器具摆放区等，各功能区应有明显区分。 （2）起降区周围应设安全围栏，禁止行人和其他无关人员逗留，特别是在起降过程中，需时刻注意保持与无关人员的安全距离

续表

序号	工作项目	工作内容或要求
2	选择合适的起降场地	（1）起降场地应为不小于 2m×2m 大小的平整地面； （2）巡检全过程中，起降场地与无人机应保持通视，保证遥控、通信质量良好； （3）起降场地周围应无高大建筑、线路、树木等障碍物或地下电缆等干扰源； （4）尽量避免将起降场地设在巡检线路或无人机飞行路径下方、交通繁忙道路及人口密集区附近。 注意事项：若起降区地面尘土、砂砾、树枝等杂物较多，应铺设帆布，防止无人机起飞时杂物卷入螺旋桨面或机体内造成意外
3	架设地面站（如需）	选定起降区后，在其附近的合适位置架设地面站，架设地面站时，通信天线应确保在巡检全过程中与无人机无遮挡，保持通信质量良好
4	布置现场	现场布置应保持整洁、有序，工器具放置整齐

3. 作业分工

序号	工作人员	数量	作业分工
1	工作负责人	1名	负责全面组织航线绘制工作开展，负责现场飞行安全
2	操控手	1名	负责无人机起降操控、设备准备、检查、撤收
3	程控手	1名	负责程控无人机飞行、遥测信息监测、设备准备、检查、航线规划、撤收
4	任务手	1名	负责任务设备操作、现场环境观察、图传信息监测、设备准备、检查、撤收
5	地勤人员	1名	负责针对无人机的保养护理，不直接参与无人机执行任务时的控制，协助工作负责人对无人机设备进行收纳和检查

（六）作业程序

1. 宣读工作单（票）及安全注意事项

（1）危险点分析。

√	序号	工作危险点	责任人签字
	1	起飞前未充分检查设备的各连接部分是否正常，工作中可能发生故障引起危险	
	2	起飞前未充分检查设备的各电器控制部分是否正常，工作中可能发生故障引起危险	
	3	起飞平台地点选择不合理（地面坡度过大或地面有沙石），可能引起侧翻或损伤电机的危险	
	4	起飞前未充分检查起飞环境是否具备飞行条件，飞行中可能发生碰撞或信号干扰引起危险	
	5	起飞前未充分掌握当天天气情况是否具备飞行条件，在飞行过程中遇到影响作业的天气变化，可能导致飞行作业危险性增加	
	6	起飞前通信设备未检查，可能导致飞行中交流不畅引起危险	
	7	起飞前未检查无人机和地面控制系统等电池电量，可能因电量不足导致飞行失控引起危险	
	8	起飞前未检查地面站软件，可能因下行链路数据不正常引起危险	

续表

√	序号	工作危险点	责任人签字
	9	起飞前未校准遥控器，导致不能准确控制无人机可能引发危险	
	10	起飞前未校准磁力计，可能导致不能接收GPS信号而引发的危险	
	11	起飞前未检查照相和摄像设备的电量和储存卡的空间，可能因电量和储存卡的空间不足导致不能完成此次作业任务	
	12	飞行中飞控手未能准确判断无人机与带电体的最小安全距离，而引起放电危险	
	13	飞行中作业人员存在精神或体力疲劳现象，可能引起操作失误而发生危险	
	14	飞行中作业人员未能准确判断周围环境、障碍物等，可能使飞行发生危险	
	15	飞行中地面站控制人员未能及时向飞控手准确预报数据情况，飞控手可能因飞行数据判断不准而导致误操作引发危险	

（2）生产现场作业十不干、四不伤害。

序号	内容	宣读确认	检查确认（√）
1	（1）无票的不干； （2）工作任务、危险点不清楚的不干； （3）危险点控制措施未落实的不干； （4）超出作业范围未经审批的不干； （5）未在接地保护范围内的不干； （6）现场安全措施布置不到位、安全工器具不合格的不干； （7）杆塔根部、基础和拉线不牢固的不干； （8）高处作业防坠落措施不完善的不干； （9）有限空间内气体含量未经检测或检测不合格的不干； （10）工作负责人（专责监护人）不在现场的不干		
2	（1）不伤害他人； （2）不伤害自己； （3）不被别人伤害； （4）保护他人不受伤害		

（3）安全措施。

√	序号	内容	责任人签字
	1	起飞前要认真检查设备的机体及螺旋桨是否有破损及裂纹，以及其他各连接部分均正常后才能开机	
	2	起飞前要对各个电器控制部分进行试运行一次，确认无误后才能正式飞行	
	3	起飞平台尽量选择无坡度且开阔的地面过大，尽量保持地面无杂草、沙石等；在确无合适起飞场地时可使用帆布铺设一个临时起飞平台	
	4	起飞前应充分检查起飞场地周围的环境，要避开高大树木、建筑物和微波塔起飞	
	5	起飞前充分掌握天气情况，风力大于10m/s禁止飞行（新手可控的风速在4m/s左右），雨天禁止飞行	
	6	起飞前要检查通信设备联络畅通（对讲机、耳麦等）	
	7	起飞前要检查无人机和地面控制系统等电池电量，电量要保证能完成此次作业任务	
	8	起飞前应开机确认地面站与遥控器和无人机的数据传输均正常才能飞行	

续表

√	序号	内容	责任人签字
	9	起飞前应检查遥控器的各个控制杆杆量显示是否正常，如有问题应及时校准遥控器	
	10	起飞前检查 GPS 信号接收是否正常，如有问题应及时校准磁力计	
	11	起飞前检查照相和摄像设备的电量和储存卡的空间，其电量和储存卡的空间应保证能完成此次作业任务	
	12	飞行中飞控手要密切关注无人机的姿态应与带电体保持的最小安全距离，特殊作业时可增设辅助监视人员	
	13	飞行中作业人员要保证有良好的精神状态	
	14	飞行中作业人员要准确判断无人机与周围环境、障碍物的距离且要留有一定的避险余地	
	15	飞行中地面站控制人员要及时向飞控手报地面站上的各项数据，如数据超标要及时提醒飞控手	

2. 操作步骤及内容

√	序号	作业内容	作业步骤及标准	安全措施注意事项	责任人签字
	1	无人机检查	机体检查	任何部件都没有出现裂缝	
			各连接部分检查	设备没有松脱的零件	
			螺旋桨检查	螺旋桨没有折断或者损坏	
	2	起飞前环境检查	起飞平台选择	无人机放置在平坦的地面，保证机体平稳，起飞地点尽量避免有沙石、纸屑等杂物	
			起飞风速检测	飞行时风速应不大于 8m/s	
			起飞地点与障碍物的控制	无人机起飞点离障碍物的距离应保持在 20m 以上	
			起飞点信号干扰控制	对 GPS 信号和磁力计不存在干扰，保证 GPS 的卫星颗数不少于 12 颗	
	3	起飞前电量检查	无人机动力电池电量	用电池电量显示仪对电池进行测试，无人机电池显示参数符合起飞要求	
			遥控器供电	每次飞行时一定要把遥控器电池充满电，保证不会因为电量的原因导致遥控器无法控制无人机；遥控器的频率必须与无人机的频率一致	
			地面站供电	携带足够的设备电池，保证地面站计算机的电池能满足该次作业的要求，不要出现在飞行过程中地面站计算机电量不足而关机的情况	
	4	起飞	（1）双摇杆外八字下拉到底，电机启动，无人机进入起飞状态； （2）将油门轻推至70%左右无人机便可以起飞	（1）启动螺旋桨后，观察各螺旋桨的工作状态是否正常； （2）飞起后先低空（10m 左右）悬停，观察无人机的姿态是否稳定以及地面站的各项数据是否正常； （3）注意在飞行过程中，切不可将摇杆同时外八字下拉到底	

续表

√	序号	作业内容	作业步骤及标准	安全措施注意事项	责任人签字
	5	飞到各巡检位置并记录坐标和高度	（1）导入杆塔坐标； （2）核实所有杆塔坐标是否有偏移； （3）统计数据合理的规划航飞带宽及航飞线路	首先导入所有杆塔坐标，通过使用最新google地球软件，通过软件核实所有杆塔坐标是否有偏移，杆塔线路周围的是否有障碍，杆塔线路高程是否对航线有影响等，综合统计数据合理的规划航飞带宽及航飞线路	
	6	返回地面	返航时杆量应柔和	飞控手不允许使用直接大杆量减油门的方式降落，避免因下洗效应造成坠机。在降高时应采用左右横移同时降低高度的方式降落，也可以采用转圈的方式降落	
			降至一定高度时应保证无人机的姿态	当无人机高度降到10m左右时要保持无人机在飞控手的正前方以便于控制，同时杆量应柔和，让无人机匀速下降	
			着陆要果断	无人机因地效的缘故在快要接地时会出现姿态不稳的现象（类似回弹的现象），此时应果断减油门使其降落	
	7	绘制航线	在地面站软件上对航线进行绘制	要保证坐标点的数据准确无误	
	8	工作终结汇报	（1）确认所拍视频和照片符合作业任务要求 （2）清理现场及工具，工作负责人全面检查工作完成情况，清点人数，无误后，宣布工作结束，撤离施工现场	—	

人员确认签字：

（七）现场作业结束

工作单（票）终结

序号	工作内容或要求
1	工作终结后，工作负责人应及时报告工作许可人，报告方法可采用：当面报告、电话报告
2	编制工作终结报告，包括下列内容：工作负责人姓名、工作班组名称、工作任务（说明线路名称、巡检飞行的起止杆塔号等）已经结束，无人机巡检系统已经回收，工作终结
3	已终结的工作单（票）应保存一年

（八）航线绘制

序号	工作内容或要求
1	逐一输入无人机的起飞点、侦察点的坐标
2	生成航线图

（九）标准化作业指导书执行情况评估

<table>
<tr><td rowspan="4">评估内容</td><td rowspan="2">符合性</td><td>优</td><td></td><td>可操作项</td><td></td></tr>
<tr><td>良</td><td></td><td>不可操作项</td><td></td></tr>
<tr><td rowspan="2">可操作性</td><td>优</td><td></td><td>修改项</td><td></td></tr>
<tr><td>良</td><td></td><td>遗漏项</td><td></td></tr>
<tr><td>存在问题</td><td colspan="5"></td></tr>
<tr><td>改进意见</td><td colspan="5"></td></tr>
</table>

（十）设备入库

序号	工作内容或要求
1	当天巡检作业结束后，应按所用无人机巡检要求进行检查和维护工作，对外观及关键零部件进行检查
2	当天巡检作业结束后，应清理现场，核对设备和工器具清单，确认现场无遗漏
3	当天巡检作业结束后，应将电池取出，并按要求进行保管
4	对于无人机自主巡检作业，应对作业航线进行检查、分析，若有调整应及时更新航线数据库中对应信息
5	库房管理人员依据归还清单上所列的名称、数量、型号进行核对、清点，并检查好设备的质量，做到数量、规格准确无误，质量完好无损，配套齐全，经检查合格后，领用人在签收单上签字后，方可入库

（十一）班后会及工作总结

序号	工作内容或要求
1	对巡检杆塔的数量、巡检照片的数量进行审核，对发现的缺陷进行命名，并按照无人机缺陷管理规定进行统计和上报
2	对无人机精细化巡检影像资料及数据进行归档整理
3	对无人机红外测温影像资料进行归档和分析，存在温度异常及时上报
4	填写班后会记录
5	对工作单（票）进行审核及归档、备查